小兴安岭-三江平原
生态保护修复策略与工程实践

姜 霞 王书航 张 博 郭云艳 著

中国环境出版集团·北京

图书在版编目（CIP）数据

小兴安岭——三江平原生态保护修复策略与工程实践/ 姜霞等著. -- 北京 : 中国环境出版集团, 2025. 8. -- (重要河湖治理技术与实践系列丛书). -- ISBN 978-7-5111-6345-5

Ⅰ. X321.23

中国国家版本馆 CIP 数据核字第 20252MX847 号

责任编辑　曲　婷
封面设计　彭　杉

出版发行　中国环境出版集团
（100062　北京市东城区广渠门内大街 16 号）
网　　址：http://www.cesp.com.cn
电子邮箱：bjgl@cesp.com.cn
联系电话：010-67112765（编辑管理部）
发行热线：010-67125803，010-67113405（传真）

印　　刷　北京鑫益晖印刷有限公司
经　　销　各地新华书店
版　　次　2025 年 8 月第 1 版
印　　次　2025 年 8 月第 1 次印刷
开　　本　787×1092　1/16
印　　张　11.25
字　　数　216 千字
定　　价　78.00 元

序言

党的十八大以来，以习近平同志为核心的党中央高度重视生态文明建设，将其纳入中国特色社会主义事业“五位一体”总体布局，习近平总书记多次就生态文明建设发表重要讲话，为我国生态环境保护工作指明了方向。2016 年 3—5 月，习近平总书记在三个月内两次对黑龙江生态环境保护工作作出重要指示，为黑龙江小兴安岭-三江平原山水林田湖草生态保护建设指明了方向。2016 年 3 月全国“两会”期间，习近平总书记在参加黑龙江省代表团审议时强调，黑龙江省要保护好湿地，加强生态文明建设，划定生态保护红线；2016 年 5 月 23 日，在黑龙江省伊春市、抚远市等地考察调研时，总书记再次强调“生态就是资源、生态就是生产力”，“林区转型发展既要保护好生态，也要保障好民生”。

黑龙江省小兴安岭-三江平原区域北部和东部分别隔黑龙江、乌苏里江与俄罗斯相望，西部与绥化市、哈尔滨市毗邻，南部与鸡西市接壤，包括佳木斯市、鹤岗市、双鸭山市、七台河市本级及所属的 14 个县（市），伊春市本级及哈尔滨市所属依兰县，土地总面积 9.96 万 km^2，占黑龙江省土地总面积的 21.06%。小兴安岭-三江平原山水林田湖草生态保护修复工程试点区域兼具山水林田湖草等自然要素，生态功能地位突出，在全国 63 个重要生态系统服务功能区名录中占有两席，同时也是全国重要的产品提供功能区。此区域是我国及亚洲东北部目前保存最为典型和完整的原生红松阔叶混交林分布区之一，也是我国湿地最集中、面积最大且生物多样性最为丰富的关键地区之一，同时是中俄两国界河主要流经地。但由于受人为活动和地质灾害的影响，区域生态安全遭受持续威胁，局部生态环境恶化，生物多样性加速下降，水土流失严重，生态产品供给能力不足等问题日益突出，生态保护与修复工作刻不容缓。

本书聚焦小兴安岭-三江平原区域，基于生态保护与修复实践，秉承“山水林田湖草是一个生命共同体”理念，以区域的生态环境质量与生态功能定位的差距为出发点，以恢复和提升小兴安岭-三江平原生态安全屏障功能和提供更多优质生态产品为核心目标，按照优化生态空间管控与分区分类精准修复相结合的思路，结合区域“一湖两山三带多点”的生态安全格局，将试点区域划分为“两核四区”，开展森林保护修复、生物多样性保护、矿山环境治理恢复、土地整治与修复、流域水环境保护治理五大类工程以及监管能力建设项目，系统实施63个工程项目和2个监管能力提升项目。最终目标是通过山、水、林、田、湖、草多要素联动，以及关键节点、生态廊道、流域区域多维度统筹，带动整个小兴安岭-三江平原生态系统功能恢复和提升，巩固生态安全屏障地位，提高特色优质生态产品供给能力，实现生命共同体的整体保护与修复。

本书旨在为相关领域的研究者、政策制定者和实践者提供参考，共同推动小兴安岭-三江平原区域的生态保护与可持续发展。

目 录

第 1 章

总　论

1.1 工程试点背景

2016 年，习近平总书记在三个月内两次针对黑龙江生态环境保护作出一系列具有重大指导意义的新指示和新要求。2016 年 3 月全国“两会”期间，习近平总书记在参加黑龙江代表团审议时叮嘱：“一定要保护好湿地。”“要加强生态文明建设，划定生态保护红线，为可持续发展留足空间，为子孙后代留下天蓝地绿水清的家园。绿水青山是金山银山，黑龙江的冰天雪地也是金山银山。”2016 年 5 月 23 日，习近平总书记在黑龙江省伊春市、抚远市等地考察调研时，走进林场、登上黑瞎子岛、遥望黑龙江和乌苏里江概貌，再次强调：“生态就是资源、生态就是生产力。林区转型发展既要保护好生态，也要保障好民生。”“黑瞎子岛要保护生态，留一张白纸。”总书记如此密集地发表“生态话”，为黑龙江小兴安岭-三江平原山水林田湖草生态保护建设指明了方向，也表明了保护好大小兴安岭等重点林区，保护好三江平原和松嫩平原的重点湿地，保护好世界三大黑土区之一的黑龙江黑土地在国家战略下的极端重要性。

2018 年 9 月 25—28 日，习近平总书记考察黑龙江、吉林、辽宁时，再次强调：“要贯彻绿水青山就是金山银山、冰天雪地也是金山银山的理念，落实和深化国有自然资源资产管理、生态环境监管、国家公园、生态补偿等生态文明改革举措，加快统筹山水林田湖草治理，使东北地区天更蓝、山更绿、水更清。”

黑龙江省是中国最北端、最东端所在地，纬度最高的省份，自然资源和生态地位十分突出。①森林面积、森林总蓄积和木材产量均居全国前列，大小兴安岭林区是我国重要的生态屏障，维系着东北和华北平原的生态安全。②湿地资源分布面积最大的省份之一，是丹顶鹤、东方白鹳等珍稀水禽的重要繁殖栖息地和迁徙停歇地。③耕地条件居全国之首，总耕地面积和可开发的土地后备资源均占全国的 1/10 以上，人均耕地和农民人均经营耕地是全国平均水平的 3 倍左右。近年来，黑龙江省稳步推进生态保护和修复，加大自然生态系统和环境保护力度，着力构筑国家生态安全屏障。自党的十八大以来，黑龙江省委、省政府加大了对东北生态环境的保护力度，启动实施了平原绿化、湿地保护、水土流失治理、草原恢复、矿山环境治理和松花江水污染防治等重点工程。截至 2017 年年底，黑龙江省共建立各种类型、不同级别的自然保护区 250 个，其中国家级 48 个、省级 76 个、市级 55 个、县级 71 个，总面积达 793.7 万 hm^2。自然保护区总面积占全省总面积的 16.78%，国家级自然保护区的数量列全国第一位。

小兴安岭-三江平原区域北部和东部分别隔黑龙江、乌苏里江与俄罗斯相望，西部与绥化市、哈尔滨毗邻市，南部与鸡西市接壤，该试点区域兼具山水林田湖草等自然要素，生态功能地位突出，在全国 63 个重要生态系统服务功能区名录中占有两席，分别为小兴安岭生物多样性保护重要区和三江平原湿地生物多样性保护重要区，同时也是全国重要的产品提供功能区，即三江平原农产品提供功能区和小兴安岭山地林产品提供功能区。此区域是我国及亚洲东北部目前保存最为典型和完整的原生红松阔叶混交林分布区之一，也是我国湿地最集中、面积最大且生物多样性最为丰富的关键地区之一，同时是中俄两国界河主要流经地。但由于受人为活动和地质灾害的影响，区域生态安全遭受持续威胁，局部生态环境恶化，生物多样性加速下降，水土流失严重，生态产品供给能力不足等问题日益突出，生态保护与修复工作刻不容缓。

在小兴安岭-三江平原区域开展山水林田湖草生态保护修复工程，通过实施区域森林生态系统修复、废弃矿山环境治理、生物多样性保护、水环境综合整治、土地综合整治等工程，对山水林田湖草进行整体保护、系统修复、综合治理，将逐步恢复和增强小兴安岭腹地水源涵养和生物多样性保护功能，提高小兴安岭、三江平原产品供给能力，筑牢我国东北乃至东北亚地区的生态安全屏障，维护国家领土完整。

1.2 实施生态保护修复的必要性和紧迫性

（1）筑牢国家东北部生态安全屏障和维护领土完整的客观需求

小兴安岭-三江平原位于“两屏三带”之一的东北森林带的中心区域，是国家生态安全战略格局的重要组成部分，也是我国重点森林生态功能区和湿地生态功能区。随着人类活动的不断增强，人类对自然生态系统的干扰加大，导致森林郁闭度和水源涵养功能有所下降，濒危物种受到威胁，湿地面积锐减。作为东北森林-湿地生态安全格局的重要一环，抓好小兴安岭-三江平原生态修护工作，不仅可以进一步筑牢松嫩平原和三江平原的重要屏障，还将对我国东北生态安全屏障功能进行补充完善和延伸加强。

同时，小兴安岭-三江平原区域沿中俄界江黑龙江、乌苏里江的狭长地带，区域内河汊、漫滩、湖泊等湿地众多，由于部分湿地植被受到破坏，固土作用被削弱，在我国界内的堤岸坍塌现象比较严重，两江主河道发生改变，水土流失导致沿江国土流失已转变为国家国土生态安全和国家领土完整的问题，开展山水林田湖草生态保护与修复刻不容缓。

（2）拯救珍稀濒危物种、保护生物多样性的重要举措

小兴安岭-三江平原区域山水林田湖草等自然要素兼备，自然资源丰富、植被群落类型复杂多样，是我国生物多样性和生物基因库保护的关键地区之一。区域内分布着我国目前保存最为典型和完整的原生红松阔叶混交林，素有“红松故乡”之称，也分布着世界三大湿地之一、中国面积最大的三江平原沼泽湿地，同时还是很多国际迁徙鸟类的必经之地和繁殖基地。区域拥有自然保护区 57 个，其中国家级自然保护区 21 个，省级自然保护区 18 个。仅三江国家级自然保护区就有动植物 1 400 余种，其中国家一级保护野生动物有丹顶鹤、东方白鹳、黑鹳、中华秋沙鸭、虎头海雕、玉带海雕、白尾海雕、金雕、东北虎、紫貂、梅花鹿等 12 种；国家二级保护动物有棕熊、亚洲黑熊、猞猁等 44 种。近年来，受人为和自然因素影响，区域生境变迁和破碎化严重，生物多样性总体呈下降趋势。三江平原丹顶鹤的数量从 20 世纪 70 年代的 2 000 多对减少到不足 100 只。实施山水林田湖草生态修复，能够有效保护生态系统的独特性和完整性，增强栖息地的适宜性和连通性，对保护野生动植物资源、延续物种基因库和种群资源圃的完整性起着至关重要的作用。

（3）系统解决资源枯竭型城市转型发展问题，构建国家生态文明先行示范区、生态保护与建设示范区和国家生态文明建设示范市县的重要抓手

小兴安岭-三江平原试点区域地处小兴安岭与三江平原，是国家生态文明先行示范区（第一批）、生态保护与建设示范区和国家生态文明建设示范市县及国家资源枯竭型城市的主要分布区域。在国务院确定的全国 69 个资源枯竭型城市中，黑龙江占 6 个，而其中 4 个在小兴安岭-三江平原山水林田湖草生态保护修复工程试点区域内，分别为伊春市、鹤岗市、七台河市和双鸭山市。2016 年 5 月，习近平总书记在伊春考察时指出，“过去林场为国家建设提供木材是为国家作贡献，现在

林区全面停伐、保护和建设生态环境同样是为国家作贡献”。在区域开展山水林田湖草保护与修复工程，抢救性保护和修复生态环境，探索适用技术路线和系统解决方案，形成可操作、可复制、可推广的有效模式，对于振兴东北老工业基地具有重要意义，对其他资源枯竭型城市的转型发展具有典型示范作用，同时也是开展生态文明先行示范区和生态保护与建设示范区创建的有力保障。

（4）贯彻落实资源保护制度、保障国家粮食安全和优质生态产品供给的重要落脚点

三江平原是我国重要的农产品和山地林产品提供功能区，被《中国国家地理》杂志评选为中国十大“新天府”之一。“北大仓”作为国家重要的商品粮基地，受地表水资源和土地资源不匹配以及地表供水工程滞后的限制，发展的水田以地下水灌溉为主，造成地下水局部超采，再加上地表水难以保证河道基流的下放，导致湿地萎缩，生境恶化。同时，农药、化肥的大量施用及生活污水的大量排放，导致局部水体污染严重。根据《生态文明体制改革总体方案》，到 2020 年初步“建立耕地草原河湖休养生息制度”，我国耕地、水资源、生态环境承载力等要素对粮食生产的刚性约束越来越突出。2018 年 9 月 25 日，习近平总书记在三江平原腹地农垦建三江管理局考察调研时，强调：“要加快绿色农业发展，坚持用养结合、综合施策，确保黑土地不减少、不退化。”实施山水林田湖草生态保护修复，持续提高区域生态产品品质和可持续供给能力，是实现东北振兴国家战略和国家“口粮安全”的重要保障。

（5）履行国际公约、树立负责任大国形象的必要举措

《关于特别是作为水禽栖息地的国际重要湿地公约》（又称《拉姆萨尔公约》，the Ramsar Convention）中 57 个中国履约的“国际重要湿地”中有 9 个在黑龙江，而其中 4 个在小兴安岭-三江平原山水林田湖草生态保护修复工程试点区域内，分别是三江国家级自然保护区、洪河国家级自然保护区、七星河国家级自然保护区和友好国家级自然保护区，湿地生态功能地位极其突出。同时，该区域位于国际高度关注的水环境区域，黑龙江、乌苏里江都是国际重要的界江，中俄双方已经建成了 3 对跨界保护区，生态环境安全问题是国际关注的焦点。开展山水林田湖草生态保护与修复，对于维护我国负责任的大国形象，开展国际合作、解决国际争端，起到积极作用。

1.3 编制依据

1.3.1 相关政策、文件

（1）习近平总书记在全国生态环境保护大会上的讲话（2018 年 5 月 18 日）；

（2）中共中央、国务院《关于加快推进生态文明建设的意见》（2015 年 4 月 25 日）；

（3）中共黑龙江省委、黑龙江省人民政府《关于加快推进生态文明建设的实施意见》（2015 年 9 月 16 日）；

（4）财政部、国土资源部、环境保护部关于印发《关于支持实施山水林田湖生态保护修复工程的指导意见》的请示（财建〔2016〕361 号）；

（5）财政部、国土资源部、环境保护部《关于推进山水林田湖生态保护修复工作的通知》（财建〔2016〕725 号）；

（6）财政部、国土资源部、环境保护部《重点生态保护修复治理专项资金管理办法》（财建〔2016〕876 号）；

（7）财政部、国土资源部、环境保护部关于支持开展山水林田湖生态保护修复试点工程相关工作情况的报告（财建〔2016〕934 号）；

（8）中共中央办公厅、国务院办公厅《关于划定并严守生态保护红线的若干意见》（2017 年 2 月）；

（9）林业局、国家发展改革委、财政部、国土资源部、环境保护部、水利部、农业部、国家海洋局关于印发《贯彻落实〈湿地保护修复制度方案〉的实施意见》的函（林函湿字〔2017〕63 号）；

（10）国土资源部关于印发《自然生态空间用途管制办法（试行）》的通知（国土资发〔2017〕33 号）；

（11）财政部、国土资源部、环境保护部《关于组织申报第二批山水林田湖生态保护修复工程试点的通知》（财办建〔2017〕26 号）；

（12）财政部、国土资源部、环境保护部关于修订《重点生态保护修复治理专项资金管理办法》的通知（财建〔2017〕735 号）；

（13）财政部、自然资源部、生态环境部《关于组织申报第三批山水林田湖草生态保护修复工程试点的通知》(财办建〔2018〕139 号。

1.3.2 相关规划、计划

(1)《生态文明体制改革总体方案》;

(2)《全国生态功能区划(修编版)》;

(3)《水污染防治行动计划》;

(4)《土壤污染防治行动计划》;

(5)《"十三五"生态环境保护规划》;

(6)《水质较好湖泊生态环境保护总体规划(2013—2020 年)》;

(7)《耕地草原河湖休养生息规划(2016—2030 年)》;

(8)《中国生物多样性保护战略与行动计划》(2011—2030 年);

(9)《全国资源型城市可持续发展规划(2013—2020 年)》;

(10)《全国湿地保护"十三五"实施规划》;

(11)《矿山地质环境保护与治理规划》;

(12)《大小兴安岭林区生态保护与经济转型规划(2010—2020 年)》;

(13)《黑龙江省"两大平原"现代农业综合配套改革试验总体方案》;

(14)《黑龙江省矿山地质环境保护与治理规划(2018—2022 年)》;

(15)《黑龙江省环境功能区划》;

(16)《黑龙江省生态功能区划》;

(17)《黑龙江省水污染防治工作方案》;

(18)《黑龙江省土壤污染防治实施方案》;

(19)《黑龙江省国民经济和社会发展第十三个五年规划纲要》;

(20)《黑龙江省林业产业发展规划(2016—2020 年)》;

(21)《黑龙江省"十三五"生态环境保护规划》;

(22)《黑龙江省耕地草原河湖休养生息规划(2016—2030 年)》;

(23)《黑龙江省矿山地质环境详细调查报告》(2017 年 9 月);

(24)《黑龙江省三江连通骨干工程项目建议书》;

(25)《中共黑龙江省委　黑龙江省人民政府关于全面加强生态环境保护坚决打好污染防治攻坚战的实施意见》;

（26）黑龙江省各市、县山水林田湖生态保护修复实施方案；

（27）《黑龙江省土地利用总体规划（2006—2020）》。

1.4 技术路线

以确保小兴安岭-三江平原生态环境质量显著改善为根本要求，坚持“保护优先、统筹布局、系统修复、重点突出、分区实施”的战略导向，按照“山水林田湖草是一个生命共同体”理念，通过梳理生态安全现状，识别重大生态问题，多规融合，提出以恢复和提升小兴安岭-三江平原生态安全屏障功能和提供更多优质生态产品为核心目标。以强化空间规划指导为前提，以严格国土空间用途管制为基础，综合协调小兴安岭-三江平原区域森林、矿产、生物等资源开发利用，社会经济发展，水环境和生态保护等关系，整体推进区域内森林资源保护、生物多样性保护、土地综合整治、废弃矿山修复、流域水环境治理等措施，恢复和修复小兴安岭-三江平原区域生态安全屏障和生态服务功能。小兴安岭-三江平原生态保护修复策略及工程实践技术路线见图 1-1。

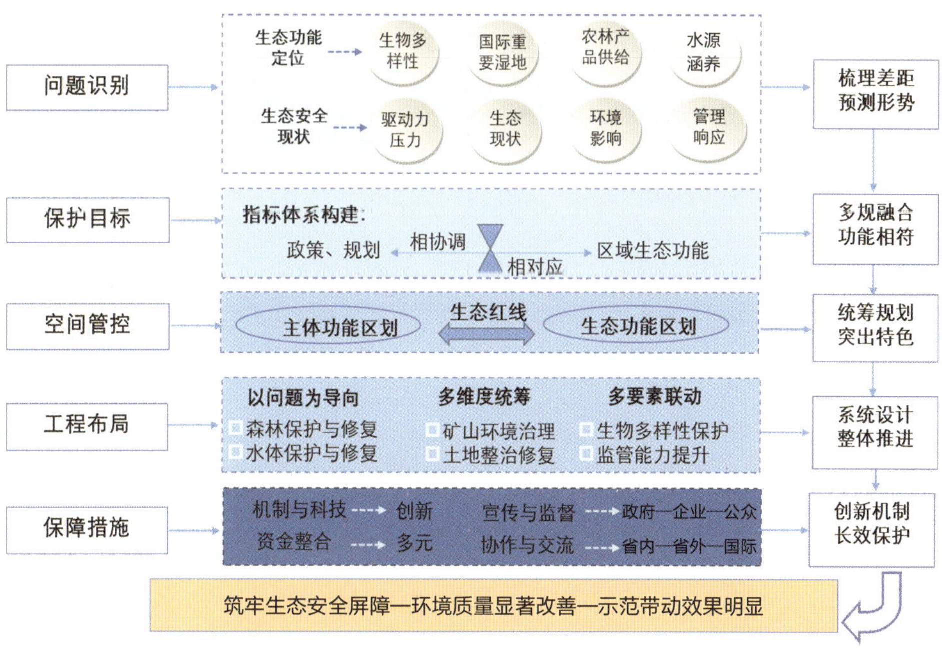

图 1-1 小兴安岭-三江平原生态保护修复策略及工程实践技术路线

第 2 章

自然概况

2.1 工程试点范围

2.1.1 地理位置

小兴安岭-三江平原山水林田湖草生态保护修复工程试点项目区（以下简称项目区）位于我国最北部黑龙江省的东部，范围为东经 127°37′22.86″～135°5′55.28″，北纬 44°51′20.43″～49°26′16.22″，北部和东部分别隔黑龙江、乌苏里江与俄罗斯相望，西部与绥化、哈尔滨毗邻，南部与鸡西市接壤，项目区位置见图 2-1。

图 2-1 项目区在全国的地理位置

2.1.2 行政区划

项目区涉及佳木斯市、鹤岗市、双鸭山市、七台河市本级及所属的 14 个县（市），伊春市本级及哈尔滨市所属依兰县。区域土地总面积 9.96 万 km^2，占黑龙江省土地总面积的21.06%。

2.2 自然地理

2.2.1 地形地貌

项目区的地形高程在1～1 203 m（以DEM图计）。该区域幅员辽阔，小兴安岭和完达山两座山脉与国际界河黑龙江、乌苏里江和内河松花江3条大江构成了区域的自然地势和基本地貌。

小兴安岭山脉呈西北—东南走向，海拔500～1 200 m。地势东南高、西北低，地貌表现出明显的成层性，属低山丘陵地形。南坡山势浑圆平缓，水系绵长；北坡陡峭，呈阶梯状，水系短促。北部多丘陵、台地，地表以砂砾岩、玄武岩为主，河谷多宽谷；南部低山丘陵区多出露海西期花岗岩，河谷多形成“V”形谷。完达山位于黑龙江省东部，属长白山山脉北延，主脉呈西南—东北走向，逶迤于挠力河与穆棱河之间，主峰海拔831 m。

三江平原广阔低平，在东北平原的东北部地区，西部为小兴安岭东南缘和张广才岭东坡，中央横贯完达山脉，东北和南部为三江低平原和穆棱-兴凯平原，北部有断续的低山丘陵屹立于黑龙江沿岸。在大地构造上，三江平原以完达山为界，完达山以北地区属同江内陆断陷，是中生代、新生代大面积沉陷区，完达山以南的平原部分在大地构造上属新生代内陆断陷，为第三纪初断陷形成的平原。根据地质上的不同构造单元，三江平原具有3个不同地貌区：①西部和中部低山丘陵区。该区主要由低山丘陵、岗坡地和丘陵宽谷构成，其中低山一般海拔在500 m以上，丘陵海拔200～500 m，岗坡地海拔100～200 m，相对高差10～50 m，丘陵宽谷主要为河漫滩。②东北部低平原地区。该区广泛分布有一级阶地、高河漫滩和低河漫滩，零散分布有残丘状二级阶地；在完达山麓、抚远市以南一带还有冰水台地和波状台地分布。③东南部穆棱-兴凯低平原区。该区内部地域辽阔，地势低平，主要由高/低河漫滩、湖成阶地和湖滨滩地组成。

项目区地形地貌见图2-2。

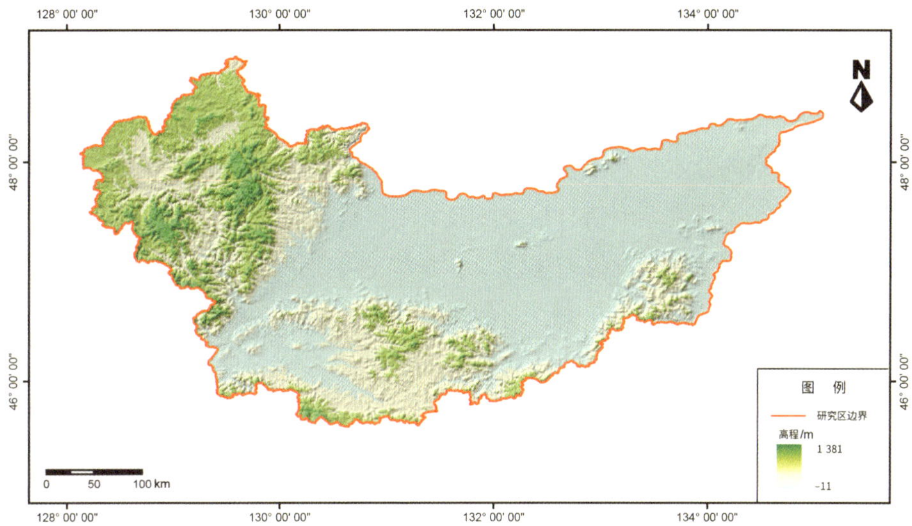

图 2-2 项目区地形地貌

2.2.2 气象气候

小兴安岭-三江平原属温带湿润、半湿润大陆性季风气候，以寒温带、半湿润大陆季风气候为主要特征，四季分明，夏季受海洋气团影响，温热而暂短；冬季受西伯利亚寒流影响，严寒、干燥而漫长。年平均气温 1.4～3.6℃，最冷为 1 月，气温−25～−20℃；最热为 7 月，气温 20～22℃，气温年较差最大达 47℃，雨热同期，适合作物生长，农业划分上属于温凉作物一熟区，适合一年一熟的玉米、大豆、春小麦、水稻等谷物生长。

受季风特征影响，小兴安岭-三江平原地区全年降水量 537.8～810.9 mm，夏多冬少，干季与湿季分明，夏季（6—8 月）降水量占全年的 56.07%，而冬季（12—2 月）降水量仅占全年的 2.76%，春季和秋季分别占 20.61%和 20.56%，年降水量变化率在 20%以下。

2.2.3 河流水系

小兴安岭-三江平原区域内以三江构成水系构架，其中小兴安岭构成黑龙江水系与松花江水系的分水岭。小兴安岭山区属于松花江水系的主要河流有汤旺河、呼兰河等。三江平原主要河流有松花江及其支流倭肯河、安邦河、梧桐河、嘟噜河、蜿蜒河，黑龙江及其支流鸭蛋河、青龙莲花河、浓江鸭绿河，乌苏里江及其支流别拉洪河、挠力河、七星河、阿布沁河、七虎林河、穆棱河、松阿察河共计18条主要河流。

黑龙江是世界著名大河之一，跨中国、俄罗斯和蒙古国3个国家，河道全长4 440 km，流域总面积185.5万 km^2，其中我国侧为90.24万 km^2，占全流域的48.6%，除绥芬河流域外，均属黑龙江流域，面积达 44.71 万 km^2。石勒喀河与额尔古纳河是黑龙江上源的两大支流，在洛古河汇合后形成黑龙江干流。黑龙江干流全长2 821 km，我国侧较大的支流有额木尔河、呼玛河、松花江、乌苏里江等；俄罗斯侧较大的支流有结雅河、布列亚河等。黑龙江干流流经三江平原河道406 km，松花江为黑龙江最大支流。

乌苏里江发源于俄罗斯境内的锡霍特山脉西麓，由南向北流至哈巴罗夫斯克市（伯力）汇入黑龙江。河道全长890 km，流域面积18.7万 km^2。松阿察河汇入后的中俄界河段乌苏里江长492 km，全部位于三江平原。中国侧流域面积5.98万 km^2，占流域总面积的32%，全部位于黑龙江省境内。乌苏里江是典型的平原冲积河流，流经三江平原区，是我国东北界河中较为平缓的河流。俄罗斯侧多山地，我国侧主要河流为穆棱河、挠力河。松阿察河为乌苏里江的西源，连接兴凯湖与乌苏里江，也是中俄界河。

松花江是我国七大江河之一。松花江有两源，北源嫩江发源于内蒙古自治区大兴安岭伊勒呼里山，南源第二松花江发源于吉林省长白山天池，两江在三岔河汇合后形成松花江干流，东流至黑龙江省同江市后汇入黑龙江，干流全长939 km流经三江平原长357 km。

项目区河流水系见图2-3。

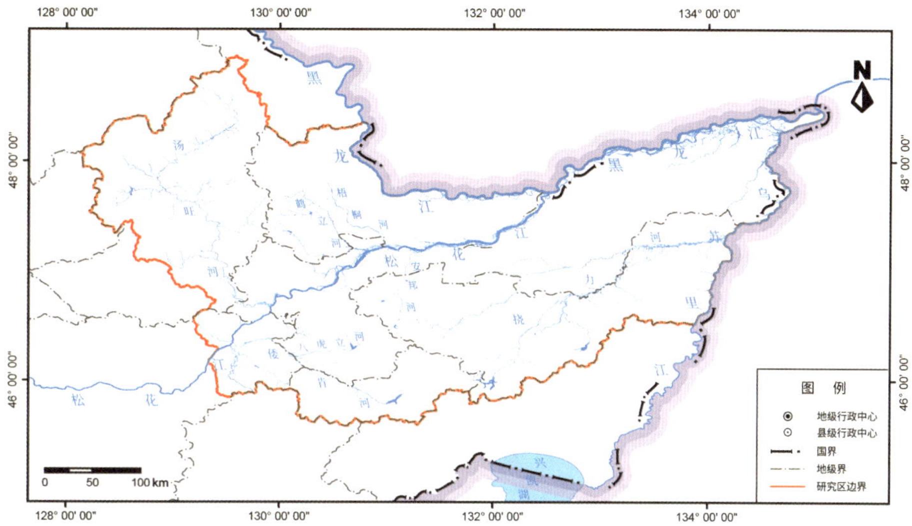

图 2-3 项目区河流水系

2.3 资源禀赋

2.3.1 土地资源

截至 2017 年，小兴安岭-三江平原区域土地总面积约 9.96 万 km^2，其中耕地面积为 44 594.87 km^2，占土地总面积的 44.75%；园地面积为 93.88 km^2，占土地总面积的 0.09%；林地面积为 42 965.41 km^2，占土地总面积的 43.12%；水域及水利面积为 6 783.24 km^2，占土地总面积的 6.81%；草地总面积为 2 346.42 km^2，占土地总面积的 2.35%；建设用地面积为 2 098.36 km^2，占土地总面积的 2.11%；其他用地面积为 271.80 km^2，占土地总面积的 0.27%。

小兴安岭-三江平原区域土壤有 6 个土纲，12 个土类，36 个亚类。主要土壤有暗棕壤、草甸土、沼泽土、白浆土、黑土、水稻土等。其共同特征是气候湿润，土层滞水，腐殖质累积较高，且淋溶作用强烈。土壤空间上以小兴安岭和完达山为界，山区多暗棕壤，平原多白浆土，草甸土和沼泽土分布最广。白浆土主要分布在地势低平的黑龙江和乌苏里江汇合河谷冲积区域，黑土主要分布在完达山南北两侧山谷处向松花江蔓延，水稻土分布较少，主要集中在试点区域内松花江上游两岸。

2.3.2 水资源

小兴安岭-三江平原山水林田湖草生态保护修复工程试点区域水资源总量为191.78亿m^3,其中地表径流量138.75亿m^3,地下水资源量为77.38亿m^3(表2-1)。另有过境的三大江，径流总量为2 680亿m^3，为本地区工农业生产和社会经济发展提供了丰富的水资源。

表2-1 试点区域水资源统计

河流	流域面积/km^2	地表径流量/亿m^3	地下水资源量/亿m^3	地表与地下水重复量/亿m^3	水资源总量/亿m^3
汤旺河	20 838	52.20	14.44	1.00	65.64
乌苏里江干流	7 802	5.26	7.10	3.28	9.07
黑龙江干流	6 589	6.83	6.11	2.74	10.19
梧桐河	4 565	12.25	3.68	2.34	13.59
嘟噜河	1 849	3.66	1.76	0.84	4.58
青龙莲花河	2 825	1.55	3.84	1.35	4.05
浓江鸭绿河	4 051	3.56	4.44	1.44	6.56
别拉洪河	3 059	2.38	2.28	0.19	4.47
阿布沁河	1 667	3.87	1.37	0.95	4.29
七虎林河	2 690	3.31	2.35	0.78	4.88
挠力河	23 283	23.51	14.13	5.18	32.47
倭肯河	11 123	12.53	5.53	2.93	15.14
安邦河	1 679	1.55	1.09	0.54	2.10
松花江干流	7 609	6.29	9.26	3.80	11.75
合计	99 629	138.75	77.38	27.36	188.78

2.3.3 矿产资源

项目区矿产资源丰富，品种齐全，探明储量矿产 81 种，其中能源矿产 5 种，黑色金属矿产 3 种，有色金属矿产 11 种，贵金属矿产 6 种，稀有、稀土、分散元素矿产 8 种，冶金辅助原料非金属矿产 7 种，化工原料非金属矿产 7 种，建材和其他非金属矿产 32 种，水气矿产 2 种。该试点区域煤炭资源储量 109 亿 t，居东北三省之冠；14 种矿产资源的储量居全省之首，其中石墨探明储量 14.2 亿 t，占全国总储量的 60%以上，硅线石为全国独有，可谓国家的天然宝藏。

2.3.4 动物资源

初步统计，项目区有野生动物 400 多种，其中兽类 88 种、鸟类 361 种、爬行类 16 种、两栖类 11 种。属国家一级保护的兽类有东北虎、豹、紫貂、貂熊、梅花鹿 5 种，鸟类有丹顶鹤、大鸨、白獾、中华秋沙鸭等 12 种；属国家二级保护的兽类有马鹿、亚洲黑熊、棕熊、雪兔等 11 种，鸟类有大天鹅、花尾榛鸡、鸳鸯等 56 种。其中有许多都是本省乃至全国十分珍贵的野生动物，如东北虎、紫貂、梅花鹿、马鹿等。

2.3.5 植物资源

项目区从高等植物到低等植物有 1 200 多种，其中乔灌树种有 100 余种，苔藓植物有 260 多种，蜜源植物和较有经济价值的植物近 300 种，蕨类植物 31 种，种子植物 700 多种。该试点区域拥有亚洲面积最大、保存最完整的红松原始林，森林类型以红松为主的针阔叶混交林，蓄积量较多的树种有红松、云杉、冷杉、兴安落叶松、樟子松、水曲柳、山桃、核桃楸、黄杨木、枫树、暴马子树、黄菠萝等，藤条灌木遍布整个施业区，各种珍稀名贵的针阔叶树种达 110 余种。国家保护的野生植物 15 种，主要有红松、兴凯松、野生大豆、黄檗等。具体植被类型划分见图 2-4。

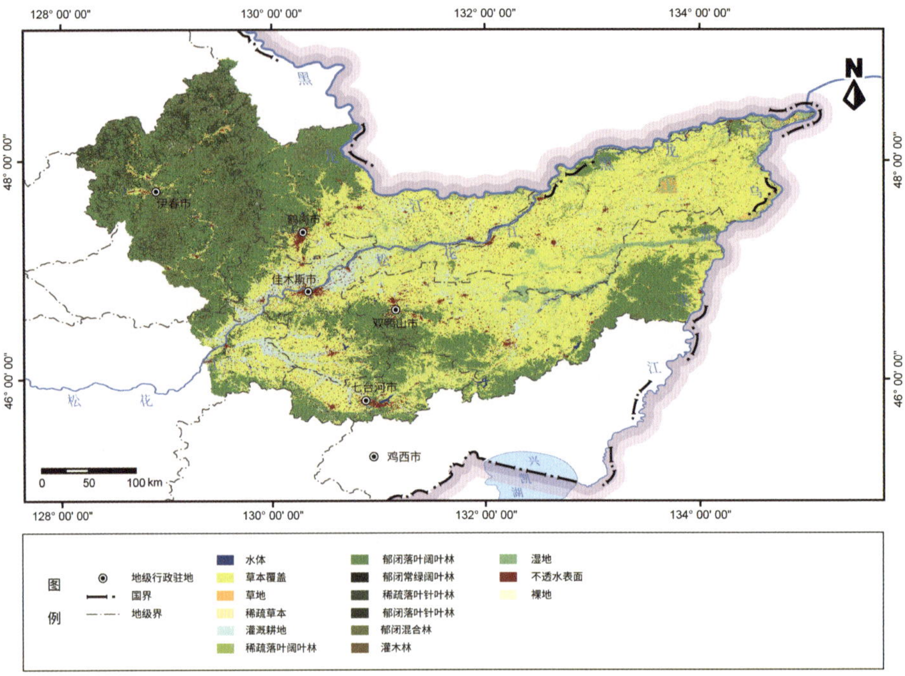

图 2-4 项目区植被类型

2.3.6 鱼类资源

三江平原地区有鱼类资源 82 种，其中黑龙江流域鱼类有 70 多种，鱼类区系属古北界黑龙江过渡区的黑龙江亚区，其中上第三纪区系复合体占 20%，常见的鱼类有麦穗鱼、鲤鱼、泥鳅、鲇鱼等；北方平原区系复合体占 10%，常见的鱼类有黑斑狗鱼、瓦氏雅罗鱼和黑龙江花鳅；北方山区区系复合体占 13.3%，常见的鱼类有细鳞鲑等；江河平原区系复合体占 36.7%，常见的鱼类有鲂鱼、银鲫等；亚热带平原区系复合体占 10%，常见的鱼类有黄颡鱼、葛氏鲈塘鳢、乌鳢。三江平原地区分布有列入《濒危野生动植物种国际贸易公约》（CITES）附录Ⅱ的鱼类施氏鲟和达氏鳇，珍贵江海洄游性鱼类大麻哈鱼、日本七鳃鳗等，常见鱼类有鲤鱼、鲫鱼、鲇鱼、鲢鱼等；乌苏里江流域常见鱼类有黑斑狗鱼、鲤鱼、鲫鱼、鳊鱼、鲢鱼、草鱼、鲇鱼和葛氏鲈塘鳢等 20 余种。

2.3.7 文化资源

项目区历史悠久，目前区域内尚存有一定数量的文物古迹，其中大部分文物古迹已被纳入国家重点文物保护范畴，现存的文物古迹见表 2-2。

表 2-2 试点区域名胜古迹分布情况

序号	市（县）	名胜古迹名称
1	鹤岗市	东山“万人坑”陈列馆
2	绥滨县	奥里米古城、中兴古城、同仁原始社会文化遗址
3	抚远市	莽吉塔站故城
4	宝清县	珍宝岛烈士陵园、雁窝岛城址、青龙山城址
5	友谊县	凤林城址
6	桦川县	瓦里霍吞古城
7	集贤县	东辉遗址
8	双鸭山市	青山旅游区
9	依兰县	土城子古城遗址、巴彦通抗俄要塞遗址
10	勃利县	新发古城遗址、平安原始社会遗址
11	七台河市	马鞍山古城遗址

2.3.8 自然保护区

项目区共有自然保护区 57 个，其中国家级自然保护区 21 个，省级自然保护区 18 个，市县级自然保护区 18 个，国家级和省级保护区总面积为 1.75 万 km^2，占整个项目区面积的 17.57%。三江、洪河、七星河、友好国家级自然保护区还是国际重要湿地。试点区域内国家级自然保护区名录见表 2-3。

表 2-3 试点区域内国家级自然保护区名录

编号	名称	所在市（县）	面积/hm^2	主要保护对象
1	黑龙江友好国家级自然保护区*	伊春市	60 687	森林沼泽生态系统及珍稀动植物

编号	名称	所在市（县）	面积/hm^2	主要保护对象
2	黑龙江新青白头鹤国家级自然保护区	伊春市	62 567	白头鹤、驼鹿等珍稀动物及北温带森林生态系统和湿地生态系统
3	黑龙江丰林国家级自然保护区	伊春市	18 400	以红松为主的北温带针阔叶混交林生态系统和珍稀的野生动植物资源
4	黑龙江凉水国家级自然保护区	伊春市	12 133	以红松为主的温带针阔叶混交林及其生态系统
5	黑龙江乌伊岭国家级自然保护区	伊春市	43 824	温带森林生态系统、沼泽湿地生态系统
6	黑龙江红星湿地国家级自然保护区	伊春市	111 995	温带森林湿地生态系统
7	黑龙江洪河国家级自然保护区*	同江市	21 835	沼泽湿地生态系统及丹顶鹤、白鹤、白头鹤等珍禽
8	黑龙江翠北湿地国家级自然保护区	伊春市	27 730	森林湿地生态系统及其湿地动植物
9	黑龙江乌马河紫貂国家级自然保护区	伊春市	20 730	紫貂小兴安岭亚种及森林生态系统
10	黑龙江碧水中华秋沙鸭国家级自然保护区	伊春市	2 535	中华秋沙鸭及红松林生态系统
11	黑龙江朗乡国家级自然保护区	伊春市	31 355	森林湿地生态系统
12	黑龙江黑瞎子岛国家级自然保护区	抚远市	12 417	湿地生态系统
13	黑龙江三江国家级自然保护区*	抚远市	198 089	湿地生态系统及东方白鹳等珍禽
14	黑龙江八岔岛国家级自然保护区	同江市	32 014	湿地水域生态系统及珍稀动物
15	黑龙江太平沟国家级自然保护区	鹤岗市	22 199	温带森林生态系统和野生动物
16	黑龙江细鳞河国家级自然保护区	鹤岗市	20 617	温带地区森林生态系统
17	黑龙江七星河国家级自然保护区*	宝清县	20 000	湿地生态系统及其珍稀水禽
18	黑龙江饶河东北黑蜂国家级自然保护区	饶河县	270 000	东北黑蜂蜂种及蜜源植物
19	黑龙江挠力河国家级自然保护区	富锦市、饶河县	160 595.4	沼泽湿地生态系统及水禽
20	黑龙江三环泡国家级自然保护区	富锦市	25 075	湿地生态系统及丹顶鹤、天鹅、小叶樟
21	黑龙江七星砬子东北虎国家级自然保护区	集贤县	55 740	东北虎、马鹿等野生动物及其生境

注：*表示国际重要湿地。

第3章

生态环境压力

3.1 社会经济压力

3.1.1 人口状况

2018 年，项目区常住人口为 717.67 万人，其中城镇人口 461.91 万人，农村人口 255.75 万人，城镇化率达到 64.36%，人口主要集中在佳木斯市、双鸭山市、鹤岗市等城市辖区，见表 3-1。

表 3-1 2018 年项目区常住人口分布状况

序号	项目区		常住人口/万人	城镇人口/万人	农村人口/万人	城镇化率/%	人口密度/（人/km²）
1	鹤岗市	市区	61.68	57.45	4.23	93.14	135
		萝北县	22.20	17.60	4.60	79.28	34
		绥滨县	18.70	9.50	9.20	50.80	56
2	佳木斯市	市区	77.10	59.30	17.80	76.91	421
		同江市	21.00	13.00	8.00	61.90	46
		富锦市	45.46	20.85	24.60	45.86	55
		抚远市	15.60	10.50	5.10	67.30	26
		桦南县	41.25	12.64	28.61	30.64	93
		桦川县	21.20	15.70	5.50	74.06	87
		汤原县	25.10	10.50	14.60	41.83	81
3	七台河市	市区	78.60	48.90	29.70	62.20	126
		勃利县	28.60	8.00	20.60	27.97	104
4	双鸭山市	市区	47.55	44.29	3.26	93.14	311
		集贤县	31.30	12.10	19.20	38.66	140
		友谊县	11.75	6.45	5.30	54.89	75
		宝清县	42.00	19.90	22.10	47.38	42
		饶河县	13.90	9.90	4.00	71.22	21
5	伊春市	市区	73.80	72.40	1.40	98.10	38
6	哈尔滨市	依兰县	40.88	12.93	27.95	32.63	88
总计			717.67	461.91	255.75	64.36	73

项目区地广人稀，人口分布空间差异较大，平均人口密度为 73 人/km^2，不足全国平均水平的 1/2。佳木斯市辖区、双鸭山市辖区等地级行政中心人口较为密集，尤其是佳木斯市辖区，人口密度平均达到 421 人/km^2；而饶河县人口密度最低，平均人口密度仅 21 人/km^2。

3.1.2 经济状况

2018 年，黑龙江省地区生产总值（GDP）为 16 199.90 亿元，项目区内 GDP 为 2 925.82 亿元，仅占全省的 18.06%，按可比价格计算，较 2016 年增长 5.88%。项目区内人均生产总值为 31 245.72 元，低于全省人均生产总值 26 个百分点。

2018 年项目区内城镇常住居民人均可支配收入为 23 534 元，低于黑龙江省、吉林省、辽宁省及全国平均水平。农村常住居民人均可支配收入平均为 14 350 元，除七台河市外，其他区域农村常住居民人均可支配收入均高于黑龙江省、吉林省、辽宁省及全国平均水平。

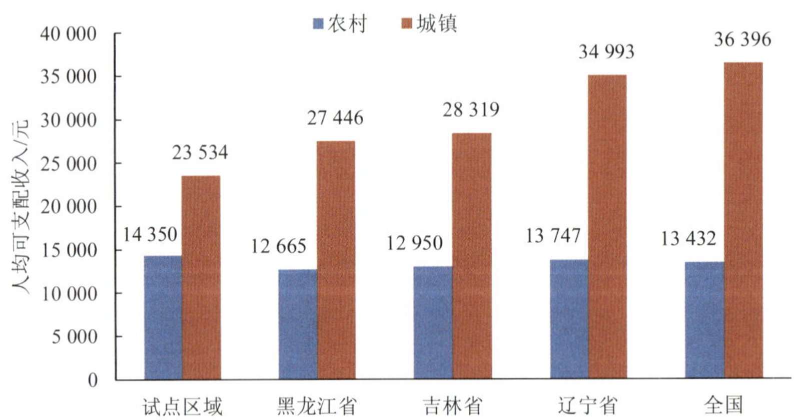

图 3-1 项目区人均可支配收入对比

3.2 土地利用时空变化

3.2.1 土地利用/覆被类型的空间分布和时间变化特征

通过调查分析，获取项目区内 8 期（1980 年、1990 年、1995 年、2000 年、2005 年、2010 年、2015 年、2018 年）9 类（耕地、林地、草地、建设用地、河流、湖泊、水库、沼泽、其他）土地利用/覆被类型分布，并统计各类土地利用/覆被类型所占比例（表 3-2）。

表 3-2 项目区 1980—2018 年各类土地利用/覆被类型的面积 单位：km^2

土地利用/覆被类型	1980 年	1990 年	1995 年	2000 年	2005 年	2010 年	2015 年	2018 年
耕地	31 167	35 795	38 928	40 920	41 265	41 923	43 251	47 596
林地	44 194	43 593	43 427	42 379	42 262	41 976	41 360	38 902
草地	7 173	5 781	4 520	3 876	3 942	3 886	3 828	1 526
建设用地	1 450	1 645	1 772	1 653	1 666	1 659	1 674	2 094
湖泊	81	86	113	86	85	84	84	61
河流	1 049	1 011	1 017	1 047	1 043	1 042	1 041	878
水库	104	116	154	160	159	157	157	227
沼泽	11 959	9 160	8 090	7 300	6 958	6 630	5 975	7 308
其他	2 098	2 197	1 386	1 874	1 915	1 938	1 925	825

从项目区各类土地利用/覆被类型分布来看，耕地主要分布在松花江水土防护带、完达山屏障区域的西南部以及三江湿地保护区的南部，此外，可以明显看出三江湿地保护区的耕地在逐渐向北部扩张。林地和草地主要分布在小兴安岭屏障地区以及完达山屏障地区，且完达山屏障区域西南部的林地和草地在逐渐减少；建设用地主要零散地分布在耕地中；沼泽则主要分布在三江湿地保护区，可以明显看出三江湿地保护区的沼泽在逐渐减少。

从各类土地利用/覆被类型的面积以及占比来看（表 3-2 和图 3-2），项目区土地利用/覆被类型面积最大的为林地和耕地，并且两者之和在逐年增大，由 1980 年的 75 361 km^2（占比为 75.91%）增至 2018 年的 86 498 km^2（占比为 87.01%）。

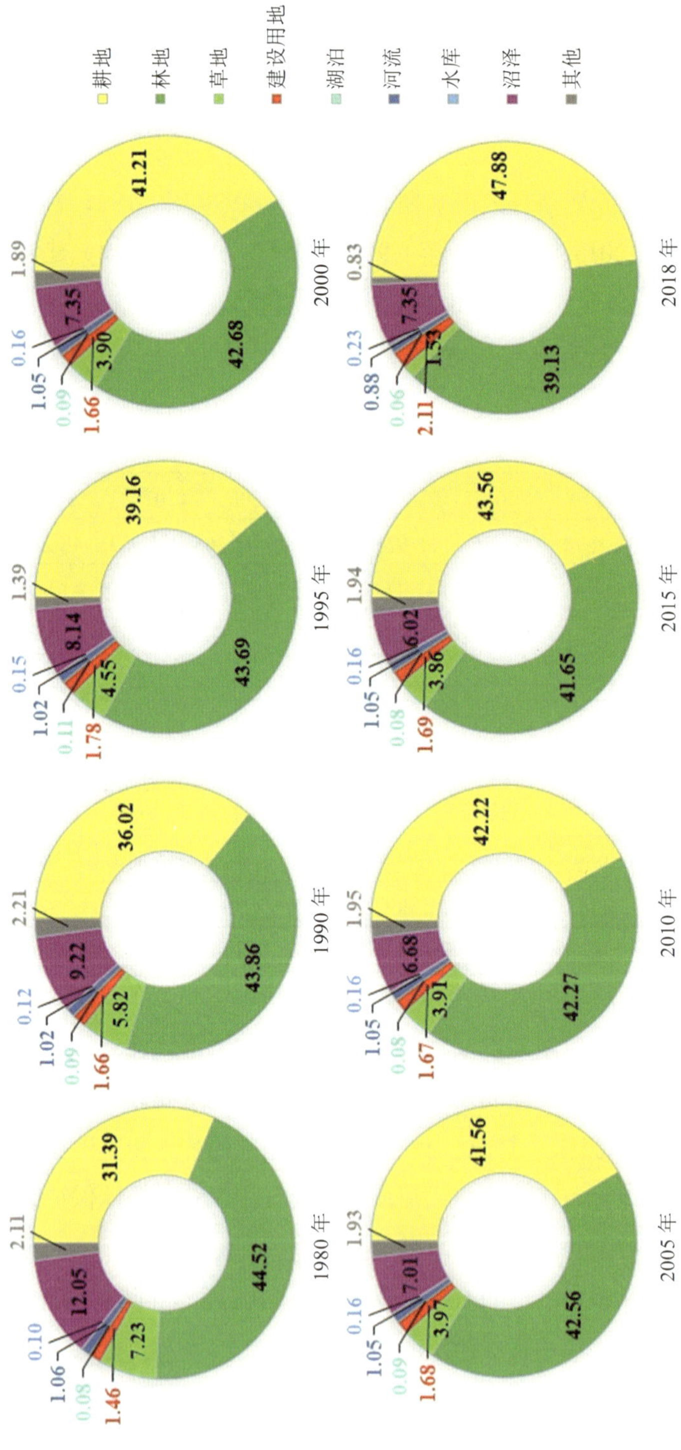

图3-2 项目区1980—2018年各类土地利用/覆被类型占比

注：图中带指示线数值的颜色对应于土地利用/覆被类型图例的颜色。

1980—2018 年土地利用/覆被类型面积最大的均为林地，其均值超过 42 971 km^2，占项目区总面积的 43.26%；9 类土地利用/覆被类型占比的排列位次几乎无变化，从大到小依次为林地（43.26%）、耕地（38.59%）、沼泽（8.41%）、草地（4.90%）、其他（1.91%）、建设用地（1.65%）、河流（1.04%）、水库（0.14%）、湖泊（0.09%）。而 2015 年和 2018 年耕地面积（分别为 43 251 km^2 和 47 596 km^2）超过林地（分别为 41 360 km^2 和 38 902 km^2），成为项目区面积最大的土地利用/覆被类型；且各类土地利用/覆被类型占比的排列位次发生了较大的变化，2018 年从大到小依次为耕地（47.88%）、林地（39.13%）、沼泽（7.35%）、建设用地（2.11%）、草地（1.53%）、河流（0.88%）、其他（0.83%）、水库（0.23%）、湖泊（0.06%）。

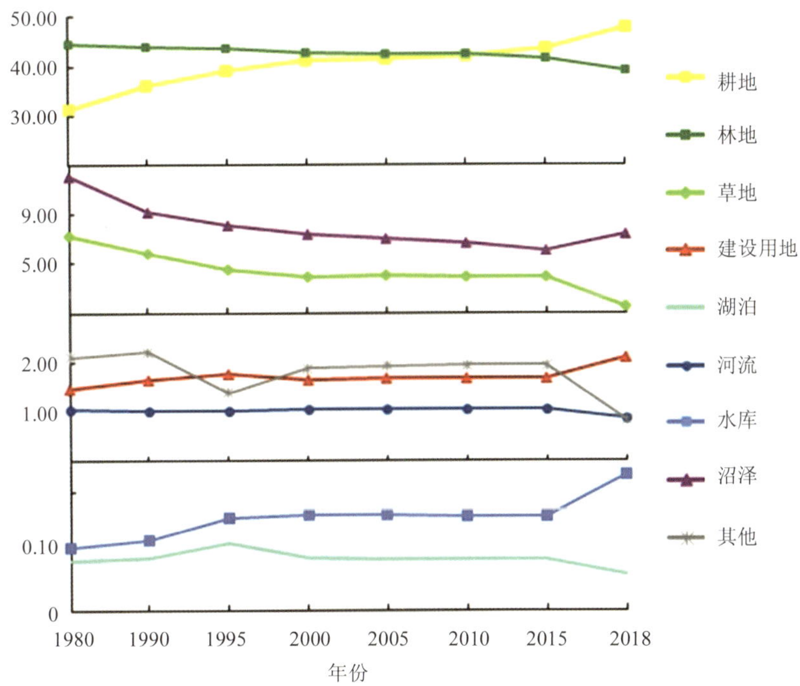

图 3-3 项目区 1980—2018 年各类土地利用/覆被类型变化情况

就各类土地利用/覆被类型时间变化而言，1980—2018 年土地利用/覆被类型占比呈现增长趋势的为耕地、建设用地和水库，分别增加了 16.49%、0.65%、0.13%；林地、沼泽、草地、其他、河流、湖泊则呈现减少趋势，分别减少了 5.39%、4.70%、

5.70%、1.28%、0.18%、0.02%。因此，变化面积最大的土地利用/覆被类型为耕地，草地、林地和沼泽依次减小。其中，耕地面积 1980—2010 年虽一直在增加，但增加速率在逐渐减小，而 2010—2018 年其增加速率又逐渐增大；草地和林地则与之相反，1980—2010 年减少速率在逐渐减小，而 2010—2018 年其减少速率又逐渐增大；而对于沼泽而言，1980—2015 年都在减少，2015—2018 年则又逐渐增加。

3.2.2 土地利用动态度分析

为了定量描述各类土地利用在时间上的变化方向和速度，分别计算出 9 类土地利用类型在 8 个时期（1980—1990 年、1990—1995 年、1995—2000 年、2000—2005 年、2005—2010 年、2010—2015 年、2015—2018 年及 1980—2018 年）的单一动态度（表 3-3）并绘制条形图（图 3-4）。20 世纪 80—90 年代，土地利用正向变化（面积增加）的有耕地、建设用地、湖泊、水库、其他；负向变化（面积减少）的有林地、草地、河流、沼泽。变化速度最快（动态度的绝对值）的为沼泽（−2.34%），然后为草地（−1.94%）、耕地（1.48%）、建设用地（1.34%）、水库（1.15%），其中建设用地和水库的变化幅度虽然较小，分别只有 195 km^2、12 km^2，但由于其土地利用面积基数较小，因此其变化速度远高于面积基数较大的林地（变化幅度为−601 km^2）。

表 3-3 项目区 1980—2018 年单一土地利用动态度

土地利用类型	1980—1990 年		1990—1995 年		1995—2000 年		2000—2005 年	
	变化幅度/km^2	动态度/%	变化幅度/km^2	动态度/%	变化幅度/km^2	动态度/%	变化幅度/km^2	动态度/%
耕地	4 628	1.48	3 133	1.75	1 992	1.02	345	0.17
林地	−601	−0.14	−166	−0.08	−1 048	−0.48	−117	−0.06
草地	−1 392	−1.94	−1 261	−4.36	−644	−2.85	66	0.34
建设用地	195	1.34	127	1.54	−119	−1.34	13	0.16
湖泊	5	0.62	27	6.28	−27	−4.78	−1	−0.23
河流	−38	−0.36	6	0.12	30	0.59	−4	−0.08
水库	12	1.15	38	6.55	6	0.78	−1	−0.13
沼泽	−2 799	−2.34	−1 070	−2.34	−790	−1.95	−342	−0.94
其他	99	0.47	−811	−7.38	488	7.04	41	0.44

土地利用类型	2005—2010 年		2010—2015 年		2015—2018 年		1980—2018 年	
	变化幅度/km^2	动态度/%	变化幅度/km^2	动态度/%	变化幅度/km^2	动态度/%	变化幅度/km^2	动态度/%
耕地	658	0.32	1 328	0.63	4 345	3.35	16 429	1.39
林地	−286	−0.14	−616	−0.29	−2 458	−1.98	−5 292	−0.32
草地	−56	−0.28	−58	−0.30	−2 302	−20.05	−5 647	−2.07
建设用地	−7	−0.08	15	0.18	420	8.36	644	1.17
湖泊	−1	−0.24	0	0.00	−23	−9.13	−20	−0.65
河流	−1	−0.02	−1	−0.02	−163	−5.22	−171	−0.43
水库	−2	−0.25	0	0.00	70	14.86	123	3.11
沼泽	−328	−0.94	−655	−1.98	1 333	7.44	−4 651	−1.02
其他	23	0.24	−13	−0.13	−1 100	−19.05	−1 273	−1.60

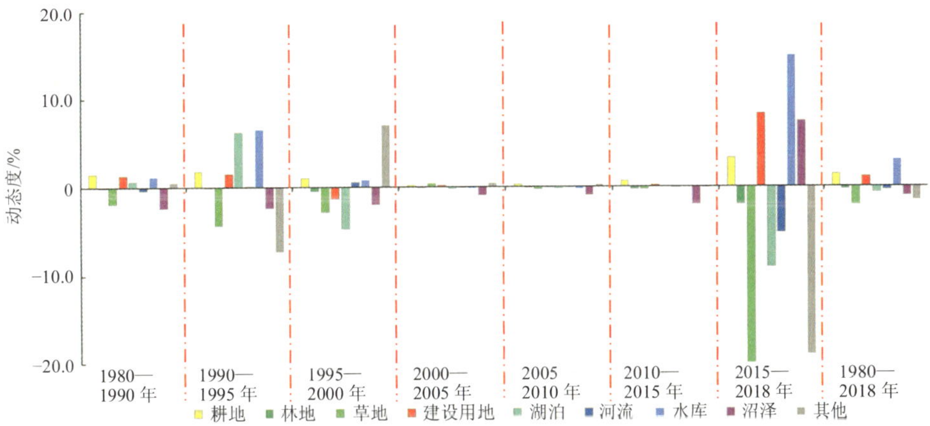

图 3-4 项目区 1980—2018 年单一土地利用动态度

1990—1995 年各类土地利用动态度整体大于 20 世纪 80—90 年代。土地利用正向变化的有耕地、建设用地、湖泊、河流、水库；负向变化的有林地、草地、沼泽、其他。除了林地（−0.08%）和河流（0.12%）以外，其他 7 类土地利用均表现出较大的变化速度，从大到小依次为其他（−7.38%）、水库（6.55%）、湖泊（6.28%）、草地（4.36%）、沼泽（−2.34%）、耕地（1.75%）、建设用地（1.54%）

相较于 1990—1995 年，1995—2000 年各类土地利用动态度发生了较大的改变。正方向变化的有耕地、河流、水库、其他；负向变化的有林地、草地、建设用地、湖泊、沼泽。类型为其他的土地利用方式的动态度最大，达到 7.04%；其次为湖泊（−4.78%）、草地（−2.85%）、沼泽（−1.95%）等。

而 2000—2005 年、2005—2010 年以及 2010—2015 年这 3 个时期，除耕地和沼泽外，其他各类土地利用变化较小。3 个时期耕地的动态度分别为 0.17%、0.32%、0.63%，这说明 2000—2015 年耕地面积仍然在增加，与前几个时期的变化方向相同，但变化速度明显减小；而变化最大的为沼泽，3 个时期的动态度分别为−0.94%、−0.94%、−1.98%，这说明 2000—2015 年沼泽面积的变化方向与前 3 个时期一致，仍然处在减小状态，但沼泽面积的减小速度比前 3 个时期慢。

2015—2018 年各类土地利用类型均发生了较大的变化，所有土地利用类型的单一动态度的绝对值均超过 1.9%。其中变化最大的为草地，动态度达−20.05%，其面积较少了 2 302 km^2；其次为其他，动态度达−19.05%，面积较少了 1 100 km^2；然后是水库（14.86%）、湖泊（−9.13%）、建设用地（8.36%）、沼泽（7.44%）、河流（−5.22%）、耕地（3.35%）、林地（−1.98%）。值得注意的是，虽然耕地和林地的动态度较小，但其变化幅度分别达到了 4 345 km^2、−2 458 km^2，为变化面积最大的两种土地利用类型。

就整个考察时期而言，土地利用面积正方向变化的有耕地、建设用地、水库；负向变化的有林地、草地、湖泊、河流、沼泽、其他。单一动态度的绝对值从大到小依次为水库（3.11%）、草地（−2.07%）、其他（−1.60%）、耕地（1.39%）、建设用地（1.17%）、沼泽（−1.02%）、湖泊（−0.65%）、河流（−0.43%）、林地（−0.32%）。其中，耕地、草地、林地、沼泽的动态度虽并非都排在前列，但这 4 类土地利用的面积变化幅度较大，分别为 16 429 km^2、5 647 km^2、5 292 km^2、4 651 km^2，仍然需要予以重点关注。

就项目区土地利用的整体变化而言，综合动态度呈现先上升再下降又上升的变化趋势。其中综合动态度最大的为 2015—2018 年，达 2.05%；而最小的为 2000—2005 年，仅为 0.09%；1980—2018 年的综合动态度为 0.16%（表 3-4）。这说明人类活动对项目区的土地利用有较大的影响，并且 2015—2018 年的影响最大。

表 3-4 各个时期土地利用综合动态度

时期	1980—1990 年	1990—1995 年	1995—2000 年	2000—2005 年
综合动态度/%	0.49	0.67	0.52	0.09
时期	2005—2010 年	2010—2015 年	2015—2018 年	1980—2018 年
综合动态度/%	0.14	0.27	2.05	0.16

3.2.3 土地利用类型转移特征分析

为了研究各种土地利用类型的转移情况，本项目基于马尔可夫转移矩阵模型并借助 ENVI 5.3 软件计算了 8 个时期的土地利用转移矩阵（表 3-5～表 3-12）。表中行、列分别表示初期、末期土地利用类型的面积；对角线上的数据表示未发生变化的土地利用类型面积，其余数据则表示某种土地利用类型转换为另一种土地利用类型的面积。为了比较不同时期以及不同土地利用类型的变化程度，分别计算了各类土地利用的转移流净值（表 3-13）。

表 3-5 1980—1990 年土地利用转移矩阵 单位：km^2

土地利用类型	耕地	林地	草地	建设用地	湖泊	河流	水库	沼泽	其他	总和（1980 年）
耕地	25 671	2 217	708	987	26	106	36	1 249	166	31 166
林地	3 018	37 862	2 140	186	6	105	22	733	108	44 180
草地	2 028	2 171	2 398	74	3	29	4	402	61	7 170
建设用地	954	119	28	308	2	8	2	21	7	1 449
湖泊	25	10	3	1	25	1	0	13	3	81
河流	141	112	35	22	2	396	0	30	272	1 010
水库	41	11	3	2	0	0	38	9	0	104
沼泽	3 726	977	437	48	14	14	14	6 641	87	11 958
其他	189	95	29	16	8	224	0	61	1 462	2 084
总和（1990 年）	35 793	43 574	5 781	1 644	86	883	116	9 159	2 166	99 202

表 3-6　1990—1995 年土地利用转移矩阵　　单位：km²

土地利用类型	耕地	林地	草地	建设用地	湖泊	河流	水库	沼泽	其他	总和（1990 年）
耕地	30 211	2 466	566	1 040	33	105	39	1 202	131	35 793
林地	3 355	37 293	1 951	117	8	85	14	709	60	43 592
草地	1 540	2 356	1 485	40	5	33	6	295	21	5 781
建设用地	924	109	29	530	5	22	3	17	6	1 645
湖泊	28	11	5	0	16	1	0	24	1	86
河流	94	118	68	10	3	483	0	26	151	953
水库	33	9	3	2	1	0	65	3	0	116
沼泽	2 446	754	133	25	26	27	27	5 712	10	9 160
其他	295	301	276	7	16	202	0	97	997	2 191
总和（1995 年）	38 926	43 417	4 516	1 771	113	958	154	8 085	1 377	99 317

表 3-7　1995—2000 年土地利用转移矩阵　　单位：km²

土地利用类型	耕地	林地	草地	建设用地	湖泊	河流	水库	沼泽	其他	总和（1995 年）
耕地	33 869	2 507	489	795	28	89	34	916	201	38 928
林地	3 581	37 402	1 348	85	9	122	11	583	284	43 425
草地	784	1 646	1 836	22	2	44	3	76	107	4 520
建设用地	874	118	31	723	0	13	0	9	4	1 772
湖泊	43	6	5	3	19	2	1	15	19	113
河流	58	61	39	5	1	612	0	10	126	912
水库	17	14	7	1	0	0	106	8	1	154
沼泽	1 597	565	109	15	26	23	5	5 673	76	8 089
其他	97	60	12	4	1	139	0	10	1 056	1 379
总和（2000 年）	40 920	42 379	3 876	1 653	86	1 044	160	7 300	1 874	99 292

表 3-8 2000—2005 年土地利用转移矩阵 单位：km^2

土地利用类型	耕地	林地	草地	建设用地	湖泊	河流	水库	沼泽	其他	总和（2000 年）
耕地	40 728	63	90	15	0	0	1	16	7	40 920
林地	127	42 170	48	4	0	0	0	28	2	42 379
草地	70	11	3 732	5	0	0	0	40	18	3 876
建设用地	9	1	0	1 642	0	0	0	1	0	1 653
湖泊	0	0	1	0	85	0	0	0	0	86
河流	1	0	0	0	0	1 043	0	0	3	1 047
水库	1	1	0	0	0	0	158	0	0	160
沼泽	316	16	71	0	0	0	0	6 872	25	7 300
其他	13	0	0	0	0	0	0	1	1 860	1 874
总和（2005 年）	41 265	42 262	3 942	1 666	85	1 043	159	6 958	1 915	99 295

表 3-9 2005—2010 年土地利用转移矩阵 单位：km^2

土地利用类型	耕地	林地	草地	建设用地	湖泊	河流	水库	沼泽	其他	总和（2005 年）
耕地	41 152	60	16	11	0	0	0	6	20	41 265
林地	348	41 903	9	1	0	0	0	0	1	42 262
草地	58	13	3 861	7	0	0	1	0	2	3 942
建设用地	28	0	0	1 638	0	0	0	0	0	1 666
湖泊	1	0	0	0	84	0	0	0	0	85
河流	1	0	0	0	0	1 042	0	0	0	1 043
水库	1	0	0	0	0	0	156	2	0	159
沼泽	334	0	0	2	0	0	0	6 622	0	6 958
其他	0	0	0	0	0	0	0	0	1 915	1 915
总和（2010 年）	41 923	41 976	3 886	1 659	84	1 042	157	6 630	1 938	99 295

表 3-10　2010—2015 年土地利用转移矩阵　　单位：km^2

土地利用类型	耕地	林地	草地	建设用地	湖泊	河流	水库	沼泽	其他	总和（2010 年）
耕地	41 828	22	15	43	0	0	0	14	1	41 923
林地	633	41 329	8	1	0	0	1	4	0	41 976
草地	79	5	3 795	0	0	0	1	6	0	3 886
建设用地	29	0	1	1 629	0	0	0	0	0	1 659
湖泊	0	0	0	0	84	0	0	0	0	84
河流	1	0	0	0	0	1 041	0	0	0	1 042
水库	2	0	0	0	0	0	155	0	0	157
沼泽	666	3	9	1	0	0	0	5 951	0	6 630
其他	13	1	0	0	0	0	0	0	1 924	1 938
总和（2015 年）	43 251	41 360	3 828	1 674	84	1 041	157	5 975	1 925	99 295

表 3-11　2015—2018 年土地利用转移矩阵　　单位：km^2

土地利用类型	耕地	林地	草地	建设用地	湖泊	河流	水库	沼泽	其他	总和（2010 年）
耕地	37 185	2 930	523	1 261	21	89	83	1 018	141	43 251
林地	4 448	33 545	546	194	10	84	41	2 389	102	41 359
草地	892	1 813	158	48	0	40	11	822	44	3 828
建设用地	975	110	22	521	1	10	4	23	8	1 674
湖泊	45	5	2	0	3	0	3	23	3	84
河流	140	66	23	19	2	405	0	265	106	1 026
水库	56	20	2	3	1	0	67	8	0	157
沼泽	3 149	319	214	26	14	33	17	2 106	97	5 975
其他	698	90	32	20	9	131	1	620	323	1 924
总和（2015 年）	47 588	38 898	1 522	2 092	61	792	227	7 274	824	99 278

表 3-12　1980—2018 年土地利用转移矩阵　　单位：km^2

土地利用类型	耕地	林地	草地	建设用地	湖泊	河流	水库	沼泽	其他	总和（1980 年）
耕地	27 033	1 759	287	1 227	19	78	73	586	105	31 167
林地	6 416	34 216	601	239	9	79	44	2 483	107	44 194
草地	3 651	2 220	210	116	4	33	14	876	49	7 173
建设用地	896	92	16	409	1	7	4	19	6	1 450
湖泊	45	5	2	0	3	0	3	20	3	81
河流	138	67	25	18	2	414	0	274	111	1 049
水库	40	11	1	1	0	0	42	9	0	104
沼泽	8 618	440	344	56	16	36	46	2 271	132	11 959
其他	751	88	36	26	7	142	1	736	311	2 098
总和（2018 年）	47 588	38 898	1 522	2 092	61	789	227	7 274	824	99 275

表 3-13　不同时期土地利用转移流净值　　单位：km^2

土地利用类型	1980—1990 年	1990—1995 年	1995—2000 年	2000—2005 年	2005—2010 年	2010—2015 年	2015—2018 年	1980—2018 年
耕地	4 627	3 133	1 992	345	658	1 328	4 337	16 421
林地	−606	−175	−1 046	−117	−286	−616	−2 461	−5 296
草地	−1 389	−1 265	−644	66	−56	−58	−2 306	−5 651
建设用地	195	126	−119	13	−7	15	418	642
湖泊	5	27	−27	−1	−1	0	−23	−20
河流	−127	5	132	−4	−1	−1	−234	−260
水库	12	38	6	−1	−2	0	70	123
沼泽	−2 799	−1 075	−789	−342	−328	−655	1 299	−4 685
其他	82	−814	495	41	23	−13	−1 100	−1 274

1980—1990 年（表 3-5）、1990—1995 年（表 3-6）及 1995—2000 年（表 3-7）这 3 个时期的土地利用转移情况具有相似的特征：土地利用转移流净值最大的为耕地，3 个时期其面积分别增加了 4 627 km^2、3 133 km^2、1 992 km^2（表 3-13）。

3 个时期耕地均主要转换为林地（分别为 2 217 km^2、2 466 km^2、2 507 km^2）、沼泽（分别为 1 249 km^2、1 202 km^2、916 km^2）、建设用地（分别为 987 km^2、1 040 km^2、795 km^2）以及草地（分别为 708 km^2、566 km^2、489 km^2）；同时 3 个时期又有更多其他土地利用类型转换为耕地，包括林地（分别为 3 018 km^2、3 355 km^2、3 581 km^2）、沼泽（分别为 3 726 km^2、2 446 km^2、1 597 km^2）、草地（分别为 2 028 km^2、1 540 km^2、784 km^2）、建设用地（分别为 954 km^2、924 km^2、874 km^2），因此耕地面积总体呈现增加趋势。

林地面积则呈现减少趋势，3 个时期分别减少了 606 km^2、175 km^2、1 046 km^2。虽然 3 个时期其他的土地利用类型均有部分土地转换为林地，主要有耕地、草地、沼泽，但更多的土地由林地转换为其他的土地利用类型，主要包括耕地（分别为 3 018 km^2、3 355 km^2、3 581 km^2）、草地（分别为 2 140 km^2、1 951 km^2、1 348 km^2）、沼泽（分别为 733 km^2、709 km^2、583 km^2），因此林地面积在逐渐减少。

草地和林地具有相似的转换特征，即 3 个时期的面积均在减少，土地利用转移流净值分别为−1 389 km^2、−1 265 km^2、−644 km^2。3 个时期草地转换为其他的土地利用类型中面积最大的为林地（分别为 2 171 km^2、2 356 km^2、1 646 km^2），然后是耕地（分别为 2 028 km^2、1 540 km^2、784 km^2）和沼泽（分别为 402 km^2、295 km^2、107 km^2）。虽然也有部分耕地、林地、沼泽等土地利用类型转换为草地，但面积小于草地转换为其他的土地利用类型的面积，因此草地面积呈现逐渐减少趋势。

相对其他的土地利用类型而言，建设用地理论上是一类比较稳定且难以转换的土地利用类型，3 个时期土地利用转移流净值分别为 195 km^2、126 km^2、−119 km^2，虽然其变化面积相对较小，但其分别占建设用地原始面积的 16.97%、7.66%、6.72%。其中主要转换为耕地（分别为 954 km^2、924 km^2、874 km^2）、林地（分别为 119 km^2、109 km^2、118 km^2）和草地（分别为 28 km^2、29 km^2、31 km^2）；同时耕地（分别为 987 km^2、1 040 km^2、795 km^2）、林地（分别为 186 km^2、117 km^2、85 km^2）、草地（分别为 74 km^2、40 km^2、22 km^2）又有部分土地转换为建设用地，值得特别关注的是，3 个时期建设用地转换为耕地的面积分别占建设用地原始面积的 65.84%、56.17%、49.32%；而耕地转换为建设用地的面积分别占建设用地原始面积的 68.12%、63.22%、44.86%。由此可见，项目区 1980—2000 年建设用地发生了巨大变化，表明该区域发生了较大规模的居民点和工业用地的迁移、拆除和扩张等活动。

湖泊、河流和水库与建设用地类似，虽然转换的面积较小，但仍然不可忽视。就湖泊而言，3 个时期土地利用转移流净值虽然只有 5 km^2、27 km^2、−27 km^2，但分别占湖泊原始面积的 6.17%、31.40%、23.89%。其中湖泊主要转换为耕地和沼泽，而同时转换为湖泊的土地利用类型也主要为耕地和沼泽。这说明项目区具有围湖造田、退耕还湖两种行为并存的现象。就河流而言，3 个时期土地利用转移流净值的差异较大，分别为−127 km^2、5 km^2、132 km^2，分别占河流原始面积的 12.57%、0.52%、14.47%。3 个时期河流主要转换为其他，分别占河流原始面积的 26.93%、15.84%、13.82%，然后是耕地和林地；同时，其他、耕地、林地等也有部分土地转换为河流，这是因为河流面积主要受降水量等自然因素影响且变动较大，当降水量较小时，河道中水的面积较小，而由于河道周围的滩涂被归类到其他这一土地利用类型中，因此会出现河流转换为其他的情况；而当降水量较大时，河道中水的面积变大，漫过周围的滩涂，因此会出现其他转换为河流的情况。而水库则几乎完全是受当地政策影响的，3 个时期土地利用转移流净值分别为 12 km^2、38 km^2、6 km^2。其中水库主要转换为耕地、林地和沼泽；同时耕地、林地和沼泽也有部分土地转换为水库。整体而言，转为水库的面积大于水库转出的面积，因此 3 个时期水库面积呈现增大的趋势。这表明 1980—2000 年该区域新建设了一些水库，同时可以推断项目区新建水库的土地主要来源于耕地、林地和沼泽，这与实际修建水库的过程相一致。此外，水库转换为其他的土地利用类型可能与水库的废弃有关。

沼泽是项目区占比较大且比较特殊的一类土地利用类型，3 个时期土地利用转移流净值分别为−2 799 km^2、−1 075 km^2、−789 km^2，分别占沼泽原始面积的 23.35%、11.74%、9.75%。其中沼泽主要转换为耕地（分别为 3 726 km^2、2 446 km^2、1 597 km^2）、林地（分别为 977 km^2、754 km^2、565 km^2）、草地（分别为 437 km^2、133 km^2、109 km^2）等，虽然也有部分耕地、林地、草地转换为沼泽，但面积比沼泽转换为耕地、林地、草地少，这说明该区域有大量沼泽被开垦为耕地，因此导致沼泽面积逐渐减少。

由于分类时将项目区内除耕地、林地、草地、建设用地、湖泊、河流、水库、沼泽这 8 类土地利用类型以外的所有土地都划分为其他，因此该类型为多种土地利用类型的组合，并无太大研究意义，但有一点值得注意的是，河流和其他这两种土地利用类型相互转换程度较大，3 个时期其他转换为河流的面积分别占原始面积的 10.75%、9.22%、10.08%，同时河流转换为其他的面积分别占原始面积的 26.93%、15.84%、13.82%。正如上文所述，这是由于河道周围的滩涂被归类到“其他”这一土地利用类型中，而滩涂的面积受降水条件影响较大，因此其相互转换程度较大。

对于 2000—2005 年（表 3-9）、2005—2010 年（表 3-10）、2010—2015 年（表 3-11）这 3 个时期而言，各类土地利用转换程度相对较小。3 个时期转换面积较大的依次为耕地（分别为 345 km^2、658 km^2、1 328 km^2）、沼泽（分别为−342 km^2、−328 km^2、−655 km^2）、林地（分别为−117 km^2、−286 km^2、−616 km^2），由此可见，2000—2015 年，耕地面积仍然在增加，而沼泽和林地面积仍然在减少。由于 3 个时期沼泽的变化面积占其原始面积的比重较大，分别为 4.68%、4.71%、9.88%，而耕地和林地都只在 0.77%～3.16%，因此重点分析沼泽的转换情况。3 个时期沼泽主要转换为耕地，转换面积分别为 316 km^2、334 km^2、666 km^2，分别占沼泽转出面积（沼泽转换为除沼泽以外的土地利用类型的面积之和）的 73.83%、99.40%、98.09%，这说明该区域 2000—2015 年仍然有大量的沼泽被开垦为耕地，导致沼泽面积大幅减少。

2015—2018 年，项目区各类土地利用发生了巨大的变化，3 年间林地、草地、建设用地、湖泊、河流、水库、其他这 7 种土地利用的转移流净值甚至超过了 1980—1990 年的转移流净值。

3.3 区域污染负荷排放量估算

3.3.1 点源排放量估算

3.3.1.1 工业源

据调查统计，项目区内工业污染源排放主要来自煤化工、食品制造业等。针对不同行业类型的企业选取代表性企业进行总氮、总磷排污浓度测定，以确定不同行业企业的排污浓度系数，结合普查数据中的企业污水排放量，计算工业源污染排放得到项目区内的化学需氧量、氨氮、总氮和总磷的污染负荷分别为5 401.03 t/a、261.95 t/a、402.66 t/a 和 8.52 t/a。项目区 2018 年工业源污染排放具体情况见表 3-14。

表 3-14　项目区 2018 年工业源排放现状　　单位：t/a

项目区		化学需氧量	氨氮	总氮	总磷
鹤岗市	市区	1 981.74	58.12	64.65	0.08
	萝北县	3.77	0.00	0.00	0.00
	绥滨县	46.24	5.08	12.76	0.45
佳木斯市	市区	306.13	23.24	31.86	0.73
	同江市	5.01	0.00	0.38	0.16
	富锦市	91.79	5.13	1.91	0.43
	抚远市	2.00	0.00	2.74	
	桦南县	9.76	0.11	0.00	0.00
	桦川县	13.62	0.93	11.00	1.30
	汤原县	58.30	2.51	3.00	0.00
七台河市	市区	606.89	26.63	33.23	0.02
	勃利县	36.09	1.20	1.75	0.22
双鸭山市	市区	768.00	1.60	3.28	0.20
	集贤县	311.27	7.96	19.40	0.85
	友谊县	468.52	29.25	31.51	2.38
	宝清县	49.74	0.10	1.92	0.08
	饶河县	4.98	0.21	0.22	0.18
伊春市	市区	203.30	29.98	30.20	0.11
哈尔滨市	依兰县	433.90	63.24	114.80	0.02
合计		5 401.03	261.95	402.66	8.52

3.3.1.2　城镇生活源

项目区内的城镇生活污染排放主要包括居民生活污水排放和宾馆、饭店以及医院等为主的服务业排放，结合输出系数计算项目区城镇生活污染情况，计算得到项目区 2018 年城镇生活源化学需氧量、氨氮、总氮、和总磷的排放量分别为 34 649.17 t/a、3 923.55 t/a、7 702.28 t/a 和 460.40 t/a，各市县化学需氧量、氨氮、总氮和总磷污染负荷排放情况见表 3-15。

表 3-15 项目区 2018 年城市生活源排放现状 单位：t/a

项目区		化学需氧量	氨氮	总氮	总磷
鹤岗市	市区	4 100.01	629.51	979.08	39.10
	萝北县	1 206.86	185.30	288.20	13.43
	绥滨县	621.51	114.51	197.89	4.94
佳木斯市	市区	4 328.54	578.25	955.96	102.84
	同江市	1 207.90	103.28	208.40	11.60
	富锦市	2 183.82	87.03	241.19	32.12
	抚远市	779.86	44.61	153.66	5.50
	桦南县	1 183.97	138.58	193.83	17.64
	桦川县	671.70	104.83	313.71	9.78
	汤原县	713.84	99.51	175.93	12.68
七台河市	市区	4 117.48	433.09	1 016.97	61.69
	勃利县	1 363.32	182.34	342.53	20.57
双鸭山市	市区	3 936.81	459.88	777.80	52.06
	集贤县	740.86	106.27	277.70	12.40
	友谊县	580.58	76.19	101.08	4.42
	宝清县	816.95	118.57	347.05	6.77
	饶河县	1 140.49	105.24	337.05	15.05
伊春市	市区	3 464.23	135.66	401.05	29.44
哈尔滨市	依兰县	1 490.44	220.89	393.20	8.37
合计		34 649.17	3 923.55	7 702.28	460.40

3.3.1.3 畜禽养殖污染源

畜禽养殖污染源核算方法一般包括直接监测法和输出系数法，两种方法的应用目的和范围不同，各有优缺点：直接监测法计算结果相对较为精确，但费时费力，不适用于较大范围的核算；而输出系数法往往是利用项目区内抽样点的直接监测结果估算单位牲畜排污系数，或者移植相近地区的排污系数进行核算，如第一次全国污染源普查畜禽养殖业就使用了输出系数法。考虑到本研究属于大流域级的核算，故采用输出系数法进行核算较为合理，输出系数参考第一次全国污染源普查和文献总结，确定畜禽养殖的排污系数，而核算中使用的另外一个重要参数为养殖的畜禽类型和数量，本研究中养殖畜禽类型和数量使用了地方提供数据（表 3-16）。

表 3-16 畜禽养殖排污系数

类型	化学需氧量	总氮	总磷	氨氮
猪	36 kg/（头·a）	3.70 kg/（头·a）	0.56 kg/（头·a）	1.80 kg/（头·a）
肉牛	1 782 kg/（头·a）	70.80 kg/（头·a）	8.96 kg/（头·a）	2.52 kg/（头·a）
蛋鸡	7.18 kg/（万羽·a）	0.50 kg/（万羽·a）	0.12 kg/（万羽·a）	0.12 kg/（万羽·a）
肉鸡	2.92 kg/（万羽·a）	0.06 kg/（万羽·a）	0.02 kg/（万羽·a）	0.02 kg/（万羽·a）

注：系数来自文献《畜禽养殖业产污系数核算方法的确定》。

通过计算，项目区 2018 年畜禽养殖污染源化学需氧量、氨氮、总氮和总磷排放量分别为 20 998.56 t/a、956.98 t/a、2 877.78 t/a 和 196.68 t/a，各市县化学需氧量、氨氮、总氮和总磷污染负荷排放情况见表 3-17。

表 3-17 项目区 2018 年畜禽养殖排放现状 单位：t/a

项目区		化学需氧量	氨氮	总氮	总磷
鹤岗市	市区	1 998.43	90.60	273.86	18.65
	萝北县	719.28	32.61	98.57	6.71
	绥滨县	605.88	27.47	83.03	5.65
佳木斯市	市区	2 498.04	113.24	342.32	23.32
	同江市	680.40	30.84	93.24	6.35
	富锦市	1 472.90	66.77	201.84	13.75
	抚远市	505.44	22.91	69.26	4.72
	桦南县	1 336.50	60.59	183.15	12.47
	桦川县	686.88	31.14	94.13	6.41
	汤原县	813.24	36.87	111.44	7.59

项目区		化学需氧量	氨氮	总氮	总磷
七台河市	市区	2 546.64	115.45	348.98	23.77
	勃利县	926.64	42.01	126.98	8.65
双鸭山市	市区	1 540.62	69.84	211.12	14.38
	集贤县	1 014.12	45.97	138.97	9.47
	友谊县	380.70	17.26	52.17	3.55
	宝清县	1 360.80	61.69	186.48	12.70
	饶河县	450.36	20.42	61.72	4.20
伊春市	市区	2 391.12	108.40	327.67	22.32
哈尔滨市	依兰县	1 324.51	60.04	181.51	12.36
合计		20 998.56	956.98	2 877.78	196.68

3.3.2 面源排放量估算

3.3.2.1 农村生活源

项目区目前的农村常住人口为 339.04 万人，主要分散在河流水系周边，农村生活污染排污系数采用文献中东北地区的排放系数，其中化学需氧量为 2.88 g/（人·d）、氨氮为 0.656 g/（人·d）、总氮为 0.862 g/（人·d）和总磷为 0.06 g/（人·d）。计算得到项目区 2018 年农村生活源化学需氧量、氨氮、总氮和总磷的污染排放量分别为 2 690.31 t/a、612.37 t/a、804.67 t/a 和 56.01 t/a，具体见表 3-18。

表 3-18 项目区 2018 年农村生活源排放现状 单位：t/a

项目区		化学需氧量	氨氮	总氮	总磷
鹤岗市	市区	44.50	10.13	13.31	0.93
	萝北县	48.39	11.01	14.47	1.01
	绥滨县	96.78	22.03	28.95	2.01
佳木斯市	市区	187.24	42.62	56.00	3.90
	同江市	84.15	19.16	25.17	1.75
	富锦市	258.77	58.90	77.40	5.39
	抚远市	53.65	12.21	16.05	1.12
	桦南县	300.96	68.50	90.02	6.27

项目区		化学需氧量	氨氮	总氮	总磷
佳木斯市	桦川县	57.86	13.17	17.30	1.20
	汤原县	153.58	34.96	45.94	3.20
七台河市	市区	312.42	71.11	93.45	6.50
	勃利县	216.70	49.32	64.81	4.51
双鸭山市	市区	34.29	7.81	10.26	0.71
	集贤县	201.97	45.97	60.41	4.20
	友谊县	55.75	12.69	16.68	1.16
	宝清县	232.48	52.92	69.53	4.84
	饶河县	42.08	9.58	12.59	0.88
伊春市	市区	14.73	3.35	4.40	0.31
哈尔滨市	依兰县	294.01	66.92	87.94	6.12
合计		2 690.31	612.37	804.67	56.01

3.3.2.2 种植污染源

农业种植污染受种植类型、耕作方式以及区域条件差异影响，其输出面源污染有较大差异，为合理估算项目区农业面源污染，采用农田尺度的生物地球化学模型进行计算。通过查阅文献、年鉴等方式获取项目区各市县的多种种植方式及其施肥资料，并初步估算耕地的化学需氧量、氨氮、总氮和总磷的污染排放系数分别为 752 kg/（km^2·a）、56.6 kg/（km^2·a）、314.5 kg/（km^2·a）和 12.9 kg/（km^2·a），园地的化学需氧量、氨氮、总氮和总磷的污染排放系数分别为 1 249 kg/（km^2·a）、46.2 kg/（km^2·a）、551.5 kg/（km^2·a）和 10.1 kg/（km^2·a）。种植业化学需氧量、氨氮、总氮和总磷的污染排放量分别为 32 643.11 t/a、2 464.75 t/a、13 779.65 t/a 和 561.63 t/a。项目区 2018 年各市县化学需氧量、氨氮、总氮和总磷污染负荷排放情况见表 3-19。

表 3-19 项目区 2018 年农田径流污染负荷　　单位：t/a

项目区		化学需氧量	氨氮	总氮	总磷
鹤岗市	市区	641.73	48.37	269.52	11.02
	萝北县	2 096.36	157.88	878.32	35.98
	绥滨县	1 670.68	125.87	700.74	28.69

项目区		化学需氧量	氨氮	总氮	总磷
佳木斯市	市区	608.71	46.08	258.84	10.50
	同江市	3 188.98	240.31	1 338.41	54.77
	富锦市	4 723.14	355.81	1 980.47	81.09
	抚远市	3 006.29	226.62	1 262.90	51.64
	桦南县	1 873.17	141.36	789.46	32.21
	桦川县	583.98	44.35	250.74	10.10
	汤原县	1 285.31	97.17	544.50	22.14
七台河市	市区	1 263.16	95.53	535.68	21.77
	勃利县	917.16	69.51	391.43	15.84
双鸭山市	市区	380.25	29.13	167.33	6.63
	集贤县	1 216.32	92.08	517.43	20.98
	友谊县	1 021.12	77.42	436.24	17.64
	宝清县	3 826.35	288.59	1 609.89	65.76
	饶河县	2 011.26	152.00	851.23	34.63
伊春市	市区	414.69	31.86	183.97	7.25
哈尔滨市	依兰县	1 914.46	144.82	812.54	33.00
合计		32 643.11	2 464.75	13 779.65	561.63

3.3.2.3 降水径流污染源

降水径流污染源是指降水产生的径流冲刷和溶出地表污染物并通过径流将其带入水体而造成的污染，城镇农村降水径流源以及林地降水径流源是其中的重要组成部分，为核算项目区城镇农村以及林地降水径流污染源，需明确两方面要素，一是产流量，二是排污系数。研究中结合 DEM、土地利用图、降水数据等资料，通过模型模拟计算项目区产流量，结果为格网形式，排污系数则是通过前期的监测工作，其中建设用地的化学需氧量、氨氮、总氮和总磷的降水径流污染物排放系数分别为 1 867.5 kg/（km^2·a）、95.5 kg/（km^2·a）、519.25 kg/（km^2·a）和 22.2 kg/（km^2·a），自然林地化学需氧量、氨氮、总氮和总磷的降水径流污染物排放系数分别为 242.4 kg/（km^2·a）、3.4 kg/（km^2·a）、35.1 kg/（km^2·a）和 10.5 kg/（km^2·a）。经过计算得到项目区 2018 年城镇径流化学需氧量、氨氮、总氮和总磷的污染排放总量分别为 6 976.55 t/a、356.77 t/a、1 939.80 t/a 和 82.93 t/a，自然林地本底化学需氧量、氨氮、总氮和总磷污染排放总量分别为 14 680.87 t/a、205.92 t/a、2 125.82 t/a 和 211.98 t/a，项目区 2018 年建设用地和林地降水径流污染负荷情况见表 3-20。

表 3-20 项目区 2018 年建设用地和降水径流污染负荷情况 单位：t/a

项目区		化学需氧量	氨氮	总氮	总磷
鹤岗市	市区	289.86	14.82	80.60	3.45
	萝北县	244.77	12.52	68.06	2.91
	绥滨县	193.20	9.88	53.72	2.30
佳木斯市	市区	972.40	49.73	270.37	11.56
	同江市	246.98	12.63	68.67	2.94
	富锦市	422.26	21.59	117.41	5.02
	抚远市	163.82	8.38	45.55	1.95
	桦南县	261.24	13.36	72.64	3.11
	桦川县	152.38	7.79	42.37	1.81
	汤原县	189.70	9.70	52.75	2.26
七台河市	市区	292.34	14.95	81.28	3.48
	勃利县	169.02	8.64	47.00	2.01
双鸭山市	市区	207.55	10.61	57.71	2.47
	集贤县	202.05	10.33	56.18	2.40
	友谊县	113.13	5.79	31.45	1.34
	宝清县	462.41	23.65	128.57	5.50
	饶河县	157.91	8.08	43.91	1.88
伊春市	市区	413.95	21.17	115.10	4.92
哈尔滨市	依兰县	262.64	13.43	73.03	3.12
合计		6 976.55	356.77	1 939.80	82.93

3.3.3 污染负荷总量及空间分布强度分析

2018 年，项目区内的化学需氧量、氨氮、总氮、总磷的总量分别为 112 209.74 t/a、8 642.65 t/a、32 572.14 t/a、1 497.95 t/a，项目区内各市县的污染物排放总量空间分布情况见表 3-21。从空间分布上看，鹤岗市等 6 个市区污染物化学需氧量、氨氮、总氮、总磷排放分别占各污染排放总量的40.45%、42.43%、31.96%和38.34%，其中鹤岗市区各污染物排放量最高，分别占各市区各污染物排放总和的16.25%、18.26%、15.12%和13.22%。

表 3-21　项目区污染负荷排放总量的空间分布统计　　单位：t/a

项目区		化学需氧量	氨氮	总氮	总磷
鹤岗市	市区	9 834.30	1 491.97	2 446.39	110.52
	萝北县	5 886.34	595.31	1 650.14	76.80
	绥滨县	3 736.92	382.42	1 139.34	50.25
佳木斯市	市区	8 981.83	854.29	1 927.067	154.01
	同江市	5 613.74	409.03	1 763.27	80.46
	富锦市	9 263.44	596.79	2 636.25	139.39
	抚远市	4 656.71	316.77	1 571.25	67.03
	桦南县	5 371.96	428.20	1 387.93	77.57
	桦川县	2 216.79	202.92	736.54	31.34
	汤原县	3 513.67	284.92	973.95	52.19
七台河市	市区	9 556.12	762.62	2 169.99	123.24
	勃利县	3 869.07	356.39	1 009.27	55.26
双鸭山市	市区	7 076.06	581.79	1 257.70	79.46
	集贤县	3 784.63	309.96	1 084.29	51.72
	友谊县	2 651.34	219.04	673.70	30.95
	宝清县	7 638.11	557.99	2 472.23	108.49
	饶河县	4 577.50	306.32	1 418.27	67.95
伊春市	市区	11 342.69	392.70	1 705.41	128.46
哈尔滨市	依兰县	6 111.40	574.84	1 719.69	68.64
合计		112 209.74	8 642.65	32 572.14	1 497.95

按照不同来源进行统计，区域内化学需氧量主要来源于林地径流污染，占排放总量的61.02%，其次是城镇生活和种植业污染，分别占排放总量的13.00%和12.25%。氨氮排放量主要来自城镇生活和林地径流，分别占排放总量的32.81%和28.20%。总氮排放量主要来自种植业和林地径流，分别占排放总量的38.44%和23.73%。总磷排

放量主要来自种植业和城镇生活，分别占排放总量的 32.98%和 27.03%。

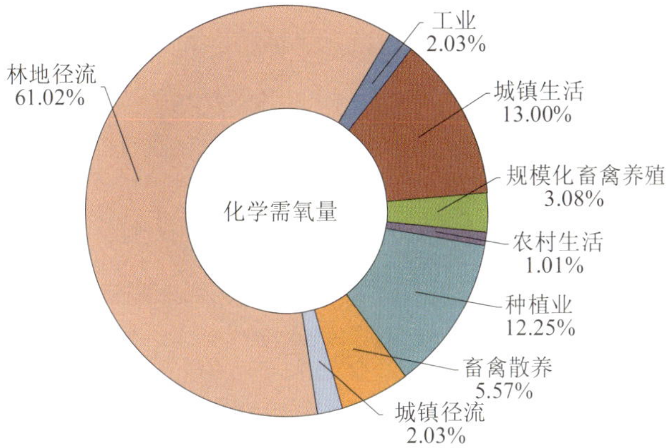

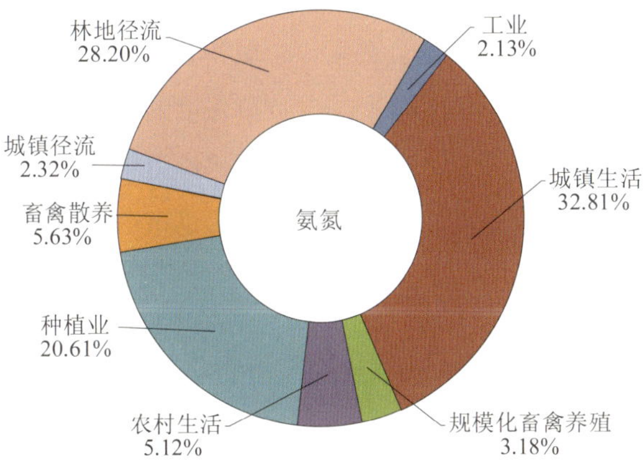

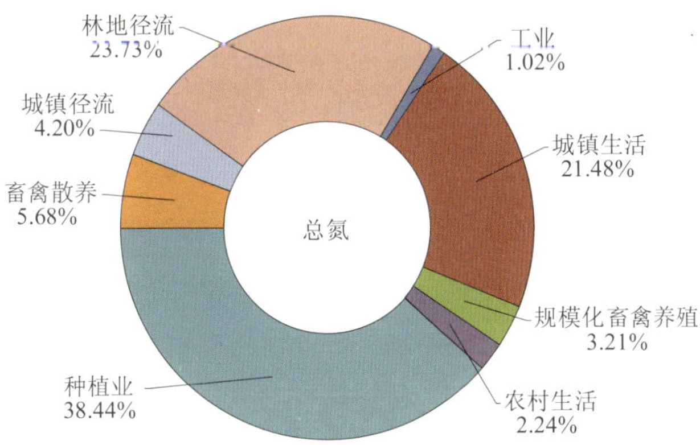

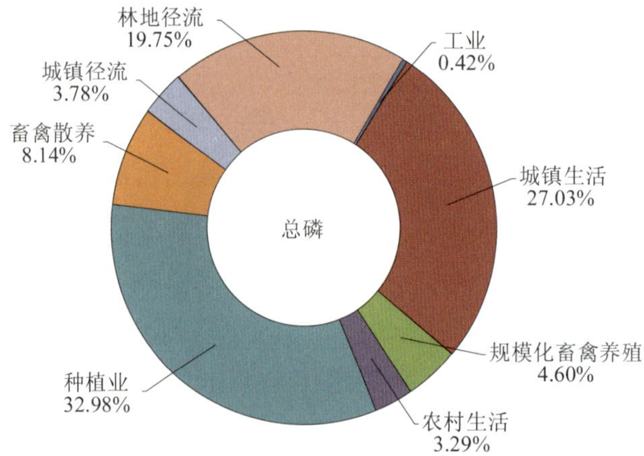

图 3-5 项目区化学需氧量、氨氮、总氮和总磷来源

将各个行政单元的化学需氧量、氨氮、总氮和总磷的产生负荷与面积（不包括水域）相除，得到各个行政单元污染排放负荷强度的空间分布。各污染物污染负荷排放强度空间分布基本相似，在佳木斯和双鸭山市辖区污染负荷强度较高，而在项目区西部森林城市伊春市和东部湿地群的抚远市等行政单元污染负荷强度较低。

3.4 矿山环境影响评价

3.4.1 矿产资源概况

小兴安岭-三江平原项目区矿产资源十分丰富，目前开发利用的矿种分为能源矿产 1 种（煤炭），黑色金属矿产 1 种（铁矿），贵金属矿产 1 种（金矿），有色金属矿产 5 种（铝矿、钼矿、铜矿、铅矿、锌矿），化工原料非金属矿产 2 种（泥炭、化肥用蛇纹岩），冶金辅助原料非金属矿产 6 种（矽线石、冶金用石英岩、冶金用白云岩、冶金用脉石英、硅石、菱镁矿），建材和其他非金属矿产 30 余种。

3.4.2 矿产资源开发利用现状

根据调查资料，截至 2018 年 12 月，小兴安岭-三江平原项目区共有矿山（不含石油、天然气、地热）2 069 座。按生产状态划分，生产及在建矿山 692 座，废弃矿山 1 377 座；按开发矿类划分，能源矿山 714 座，贵金属矿山 11 座，有色金属矿山 7 座，黑色金属矿山 29 座，冶金辅助原料非金属矿 8 座，化工原料非金属矿山 3 座。建材和其他非金属矿山 1 297 座；按经济类型划分，国有矿山企业 100 家，集体矿山企业 67 家，个体矿山企业 862 家，合资矿山企业 23 家，外商独资矿山企业 2 家，股份制矿山企业 2 家，其他类型矿山 1 013 家。

项目区矿山分布及状态数量见表 3-22。

表 3-22　项目区矿山分布及状态数量　　单位：座

序号	城市	县（市、区）	矿山数量	矿山状态				
				在建	生产	闭坑	废弃	政策性关闭
1	哈尔滨市	依兰县	73	2	8		63	
		合计	73	2	8	0	63	0
2	伊春市	翠峦区	19	0	7	0	12	0
		带岭区	5	2	1	0	1	1
		红星区	14	1	6		7	
		金山屯区	12		4		8	
		美溪区	10		4		6	
		南岔区	25	1	6		16	2
		上甘岭区	8		5		3	
		汤旺河区	7		7			
		乌马河区	8		3		5	
		五营区	14		7		7	
		西林区	18		9		9	
		新青区	4		3		1	
		伊春区	1				1	
		友好区	14	1	6		7	
		小计	159	5	68	0	83	3
3	七台河市	勃利县	165	2	40	0	118	5
4		茄子河区	203	0	89	1	71	42
		桃山区	45	0	20	0	19	6
		新兴区	73	0	35	2	19	17
		小计	486	2	184	3	227	70

序号	城市	县（市、区）	矿山数量	矿山状态				
				在建	生产	闭坑	废弃	政策性关闭
5	双鸭山市	宝清县	266	3	79	1	124	59
6		集贤县	119	1	28	0	90	0
7		饶河县	135	0	14	0	113	8
8		友谊县	42	0	12	0	27	3
9		宝山区	69	0	25	0	32	12
9	双鸭山市	尖山区	30	0	4	1	18	7
		岭东区	83	3	31	0	29	20
		四方台区	43	0	13	0	15	15
		小计	787	7	206	2	448	124
10	鹤岗市	绥滨县	30	1	7		22	
11		萝北县	87	2	47		28	10
12		东山区	50	1	23		12	14
		兴山区	24		13		3	8
		南山区	20	0	14		2	4
		向阳区	7	0	3		3	1
		兴安区	31	0	20		0	11
		小计	249	4	127	0	70	48
13	佳木斯市	抚远县	39				21	18
14		桦南县	67	1	24		42	
15		汤原县	36		8		28	
16		同江市	28		18		10	
17		富锦市	71		8		63	
18		桦川县	27	1	2	0	14	10
19		东风区	3	0	2	0	1	
		郊区	44		15	0	22	7
		小计	315	2	77	0	201	35
合计			2 069	22	670	5	1 092	280

3.4.3 存在的主要矿山地质环境问题

矿山地质环境问题分布与采矿活动和矿区地质背景条件密切相关，采矿活动是其产生的主导作用和诱发因素，其影响范围是矿区及其周边能力建设影响区域。项目区矿山地质环境问题主要类型为矿山地质灾害、含水层破坏、土地资源占用和破坏、地形地貌景观破坏、水土环境污染（表3-23）。

表3-23 矿山地质环境问题类型划分

类型划分	表现形式	影响结果
矿山地质灾害	矿山开发过程中岩土体天然应力-应变状态的改变，引发崩塌、滑坡、泥石流、地面塌陷、地裂缝	造成经济损失，使矿山建设和开采复杂化，增加了工作量，降低了开采效率
含水层破坏	破坏了矿区地表水和地下水系统	区域的水文和水文地质条件破坏，地下水和地表水水源平衡被打破，水资源量减少
土地资源占用和破坏及地形地貌景观破坏	占用和破坏土地资源、破坏地表植被、破坏地质遗迹、破坏地形地貌景观、破坏建筑及交通等基础设施	森林、草地、耕地面积减少、野生动物栖息条件变差、农作物减产，林业经济产量下降
水土环境污染	地表水污染、地下水污染、土壤污染等	水体和土壤遭受重金属等有害物质污染，水质、土壤质量下降

3.4.3.1 矿山地质灾害

项目区矿山地质灾害类型主要包括地面塌陷、地裂缝、崩塌、滑坡。目前，共有矿区地面塌陷120处、崩塌6处、地裂缝6处、滑坡2处（表3-24）。

表3-24 项目区各地市矿山地质灾害数量及面积

市（县）	地面塌陷/处	地面塌陷面积/km^2	崩塌/处	地裂缝/处	泥石流/处	滑坡/处
依兰县	—	—	2			
佳木斯市	20	0.000 1				
伊春市	2	0.148 7	1			1
七台河市	45	182				

市（县）	地面塌陷/处	地面塌陷面积/km^2	崩塌/处	地裂缝/处	泥石流/处	滑坡/处
鹤岗市	8	63.10		6		1
双鸭山市	45	119.21	3			
合计	120	364.458 8	6	6		2

（1）矿区地面塌陷和地裂缝

项目区矿区地面塌陷是矿区最突出、最严重的矿山地质灾害之一，在大中型地下开采的煤炭矿区最为普遍，灾害也最为严重。目前，项目区地面塌陷区总面积约 364.46 km^2，伴有地裂缝 7 条。

（2）崩塌

采矿引起的崩塌数量较少，目前，项目区因采矿活动发生崩塌 6 处，均发生在非金属类矿山的露天采矿场。

（3）滑坡

矿山开采引起的滑坡相对较少，主要发生在鹤岗市和伊春市。目前，因采矿活动发生滑坡 2 处，其中发生在煤炭矿山和金属类矿山各 1 处，均为小型滑坡。

3.4.3.2 含水层破坏

矿产开发活动不同程度地破坏了地下含水层补、径、排条件，造成了局部区域地下水位下降，个别地段甚至出现地下水疏干现象。依据《黑龙江省矿产资源集中开采区矿山地质环境调查报告（2014 年）》，项目区各类矿山地下水年疏排量为 12 799.33×10^4 m^3，矿区地下水位下降区总面积 498.09 km^2（表 3-25）。

表 3-25 项目区各市矿区地下水疏干及水位下降面积

市	矿区地下水位降落漏斗面积/km^2	矿区地下水疏排量/（万 m^3/a）
佳木斯市	43.15	—
伊春市	0.46	35.79
七台河市	145.00	4 459.00
鹤岗市	119.48	4 716.00
双鸭山市	190.00	3 588.54
合计	498.09	12 799.33

3.4.3.3 土地资源占用和破坏及地形地貌景观破坏

项目区以能源（煤炭）、贵金属、建材及其他非金属开采对土地资源的占用破坏以及“三区两线”地区露天开采形成的采坑、废石堆、尾矿堆破坏地形地貌景观最为严重。

截至 2018 年，项目区矿山共占用土地面积 1 573.75 km^2，因采矿活动破坏土地面积 148.536 km^2，历史遗留矿山占用破坏土地资源面积 80.863 km^2。

按照破坏土地类型划分，其中耕地 21.40 km^2，林地 63.82 km^2，草地 3.37 km^2，园地 0.02 km^2，其他 59.92 km^2。

表 3-26 项目区各市（县）矿山占用破坏土地面积 单位：km^2

市（县）	占用破坏土地总面积	历史遗留矿山占用破坏土地面积
依兰县	5.466	3.403
佳木斯市	24.050	16.120
伊春市	21.130	13.300
七台河市	16.690	9.590
鹤岗市	43.000	16.830
双鸭山市	38.200	21.620
合计	148.536	80.863

表 3-27 项目区各市（县）矿山破坏土地类型统计 单位：km^2

土地利用类型	鹤岗市	依兰县	双鸭山市	佳木斯市	伊春市	七台河市	合计
耕地	0.63	0.43	14.96	1.62	0.01	3.75	21.40
林地	13.78	2.76	22.29	3.72	13.26	8.01	63.82
草地	2.16	0.06	0.09	0.50	0.19	0.37	3.37
园地		0.01				0.01	0.02
其他	26.43	2.21	0.86	18.20	7.68	4.54	59.92
合计	43.00	5.47	38.20	24.04	21.14	16.68	148.53

3.4.3.4 矿山废水对环境的污染

（1）矿山废水排放现状

矿山的废水排放集中于能源矿产和金属矿产生产矿山。能源矿产大多为井工开采，矿山废水主要来自煤矿矿坑疏干水，就近排放到周边河流。大量排放地下水必然造成地下水水位下降，导致地下水资源枯竭，同时造成水土污染。矿山废水年产出量、排放量及年利用量见表 3-28～表 3-30。

表 3-28 项目区矿山废水年产出量统计　　单位：10^4 m^3

市（县）	矿坑水	选矿废水	洗煤水	生活污水	合计
鹤岗市	0.00	0.00	0.00	0.00	0.00
依兰县	0.00	0.00	0.00	0.00	0.00
双鸭山市	1 555.95	0.00	0.00	0.00	1 555.95
佳木斯市	1.50	3.65	0.00	0.00	5.15
伊春市	0.00	0.00	0.00	0.00	0.00
七台河市	2 586.83	0.00	0.00	0.20	2 587.03
合计	4 144.28	3.65	0	0.20	4 268.13

表 3-29 项目区矿山废水年排放量统计　　单位：10^4 m^3

市（县）	矿坑水	选矿废水	生活污水	合计
鹤岗市	0.00	0.00	—	0.00
依兰县	0.00	0.00	0.00	0.00
双鸭山市	1 186.29	0.00	0.00	1 186.29
佳木斯市	0.40	3.65	0.00	4.05
伊春市	0.00	0.00	—	0.00
七台河市	1 044.56	0.00	0.20	1 044.76
合计	2 231.25	3.65	0.2	2 235.10

注：“—”表示本次未获取相关数据。

表 3-30　项目区各市矿山废水按照矿产资源类型统计　　单位：$10^4\ m^3$

项目	矿类	双鸭山市	佳木斯市	七台河市	合计
年产出量	能源矿产	1 534.34	1.50	2 587.03	4 122.87
	黑色金属矿产	0.00	0.00	0.00	0.00
	有色金属矿产	0.00	0.00	0.00	0.00
	贵金属矿产	11.10	3.65	0.00	14.75
	建材及其他非金属矿产	10.51	0.00	0.00	10.51
	小计	1 555.95	5.15	2 587.03	4 148.13
年排放量	能源矿产	1 171.98	0.40	1 044.76	2 217.14
	黑色金属矿产	0.00	0.00	0.00	0.00
	贵金属矿产	3.80	3.65	0.00	7.45
	建材及其他非金属矿产	10.51	0.00	0.00	10.51
	小计	1 186.29	4.05	1 044.76	2 235.10
年利用量	能源矿产	362.36	1.10	1 542.27	1 905.73
	黑色金属矿产	0.00	0.00	0.00	0.00
	有色金属矿产	0.00	0.00	0.00	0.00
	贵金属矿产	7.30	0.00	0.00	7.30
	建材及其他非金属矿产	0.00	0.00	0.00	0.00
	小计	369.66	1.10	1 542.27	1 913.03

根据调查数据统计，项目区矿山废水年产出量为 $4\ 268.13\times10^4\ m^3$，年排放量为 $2\ 235.10\times10^4 m^3$，年利用量为 $1\ 913.03\times10^4\ m^3$，废水年利用率为 44.82%。

（2）矿山废水对环境的污染

调查结果显示，矿山废水多以酸性为主，其中镉、氟化物、硝酸盐、亚硝酸盐、氨氮以及硬度、溶解氧（DO）、溶解性总固体（TDS）等严重超标，大量未达标废水排放到矿区周边及其他地表水体，导致地表水、地下水及土壤受到不同程度的污染，并对鱼类、农作物产生危害。

3.4.3.5 矿山废渣对环境的污染

（1）矿山废渣排放现状

项目区矿区固体废物主要为煤矸石、废石土渣、尾矿、粉煤灰，累积存量 10 228.11×10^4 t，年产出量 2 514.84×10^4 t。项目区矿区固体废物年排放情况见表 3-31、表 3-32。

表 3-31 项目区各市矿区固体废物累积存量统计 单位：10^4 t

市	尾矿	废石土渣	煤矸石	粉煤灰	合计
鹤岗市	0.00	0.00	0.00	0.00	0.00
双鸭山市	123.00	9.77	1 136.36	2.08	1 271.21
佳木斯市	55.00	106.50	0.60	0.00	162.10
伊春市	2 619.82	5 226.90	2.00	0.00	7 848.72
七台河市	0.00	0.00	946.08	0.00	946.08
合计	2 797.82	5 343.17	2 085.04	2.08	10 228.11

表 3-32 项目区各市矿区固体废物年产出量统计 单位：10^4 t

市	尾矿	废石土渣	煤矸石	粉煤灰	合计
鹤岗市	0.00	0.00	0.00	0.00	0.00
双鸭山市	3.00	1.25	220.36	0.00	224.61
佳木斯市	8.00	6.00	0.60	0.00	14.60
伊春市	1 223.27	708.00	0.00	0.00	1 931.27
七台河市	3.50	0.00	336.71	4.15	344.36
合计	1 237.77	715.25	557.67	4.15	2 514.84

（2）矿山废渣对环境的污染

矿山固体废物占用了大量土地，破坏了地表植被，同时对土壤和水资源也造成了严重污染。大量含有硫化物和多种重金属的废岩、废渣和尾矿在雨水的浸润淋溶作用下，形成含有多种有害物质的酸性废水污染地表水和土壤，或通过下渗污染地下水。露天堆放的废石、尾砂及粉尘，在空气、水和高温等的作用下，风化分解，大量有害物质进入地表水及地下水中，尤其尾矿渣受风化作用迅速形成浓度更高的污染物，危害严重。

煤矿固体废物主要为煤矸石，煤矸石长期露天裸露堆放，因风化变成粉状，在一定风力作用下，大量粉尘随风飞扬，增加了大气中的总悬浮物微粒，严重影响大气质量，污染环境。其次，煤矸石（特别是页岩煤矸石中）含有大量碳、硫、磷等可燃性物质与氧气发生化学反应，导致矸石堆自燃，产生有毒烟尘。烟尘中含有大量二氧化硫、三氧化硫、二氧化碳、一氧化碳及五氧化二磷等气体，污染大气，对人体健康不利。同时矸石堆多数高达 30 m 以上，在洪水及其他诱发因素作用下可能产生滑坡，对现场工作人员造成威胁。尽管煤矸石中的重金属含量对土壤不会造成污染，但由于煤矸石中含有大量碳、硫、磷等可燃性物质及易迁移的钙、镁、钾、钠等物质，长期堆放造成砷、镍等重金属的富集，从而造成土壤污染。煤矸石经雨水淋滤后皆表现为酸性水，对水土环境影响较大。

3.4.4 矿山地质环境治理措施与成效

为保护矿山地质环境，合理利用地质环境资源，防治矿山地质灾害，保障国民经济和社会的可持续发展，黑龙江省原国土资源厅始终致力于加强地质环境保护与恢复治理工作，积极利用矿产资源补偿资金并努力争取国家资金支持，加快矿山地质环境治理的进程。

据统计，项目区所在地市投资资金为 162 448 万元，项目总数为 154 个，其中国家投资类项目 52 个，投资 105 460 万元；省级投资类项目 102 个，投资 56 988 万元（表 3-33）。

表 3-33　2001—2018 年以来项目区域矿山地质环境治理项目投资情况

项目所在市	项目总数/个	项目总投资/万元	国家投资项目数量/个	国家投资金额/万元	省级投资项目数量/个	省级投资金额/万元
七台河市	24	46 248	12	37 940	12	8 308
佳木斯市	7	3 640	2	1 700	5	1 940
鹤岗市	32	37 999	16	25 670	16	12 329
双鸭山市	26	39 064	9	31 000	17	8 064
哈尔滨市	18	8 723	0	0	18	8 723
伊春市	47	26 774	13	9 150	34	17 624
总计	154	162 448	52	105 460	102	56 988

3.4.4.1 地质灾害防治措施及成效

项目区内矿山开采历史悠久，历史遗留问题和现实问题繁杂，由于采煤引发的地面塌陷地质灾害十分严重，直接影响矿山的正常生产和威胁矿区附近居民的生命财产安全。政府和企业积极采取各种有效措施进行治理，根据矿山地质灾害的发育情况、危害程度，结合黑龙江省经济发展水平和技术条件，矿山地质灾害治理主要采取以下措施：

井工煤矿开采采取的有效治理措施主要包括土地回填平整，矸石清运，表土剥离，建筑物拆除，塌陷道路、边沟、涵洞修复，植被恢复，矿山公园建设等。

露天开采的煤矿、金属矿、采石场采取的有效治理措施主要包括矸石山清除，道路修筑，土地平整，排水沟修砌，挡土墙修建，危岩清理，削坡，掌子面喷浆、挂网，植草护坡等植被恢复。

采砂场采取的有效治理措施主要包括场地平整、道路修筑、排水、鱼塘修建、河道清淤、堤坝整修、植被恢复等。

黏土矿采取的有效治理措施主要包括河道清理、植被恢复、砌石护坡、简易路修建、土地平整、回填等。

砂金过采区采取的有效治理措施主要包括土地平整工程、河道疏通、植被恢复、简易道路修建等。

在绿色矿山建设方面，根据《全国矿产资源规划（2016—2020 年）》和《国土资源部关于贯彻落实全国矿产资源规划发展绿色矿业建设绿色矿山工作的指导意见》的要求，按照“社区和谐、依法办矿、综合利用、规范管理、土地复垦、节能减排、技术创新、环境保护、企业文化”的标准，启动了绿色矿山建设。加快推进了绿色矿山建设工程，矿山地质环境得到进一步改善，项目区内共有 15 个矿山被原国土资源部批准为国家级绿色矿山试点单位。

表 3-34 绿色矿山统计

黑龙江省第二批国家级绿色矿山试点单位名单		
序号	所在地	试点单位
1	鹤岗	龙煤鹤岗分公司新岭煤矿
2		龙煤鹤岗分公司峻德煤矿

黑龙江省第二批国家级绿色矿山试点单位名单		
序号	所在地	试点单位
3	七台河	龙煤七台河分公司龙湖煤矿
4	双鸭山	龙煤双鸭山分公司东荣二矿
5		龙煤双鸭山分公司新安煤矿
黑龙江省第三批国家级绿色矿山试点单位名单		
序号	所在地	试点单位
1	鹤岗	龙煤矿业集团股份有限公司鹤岗分公司兴安煤矿
2		龙煤矿业集团股份有限公司鹤岗分公司富力煤矿
3		龙煤矿业集团股份有限公司鹤岗分公司南山煤矿
4	七台河	龙煤矿业集团股份有限公司七台河分公司新铁煤矿
黑龙江省第三批国家级绿色矿山试点单位名单		
5	双鸭山	龙煤矿业集团股份有限公司双鸭山分公司东荣三矿
6		龙煤矿业集团股份有限公司双鸭山分公司双阳煤矿
7	双鸭山	双鸭山市建龙矿业有限公司羊鼻山铁矿
黑龙江省第四批国家级绿色矿山试点单位名单		
序号	所在地	试点单位
1	双鸭山市	双鸭山市双桦建龙煤业有限公司三井
2		龙煤矿业集团股份有限公司双鸭山分公司东荣一矿
3	七台河市	龙煤矿业集团股份有限公司七台河分公司新强煤矿

在资源的综合利用方面，15 个国家级绿色矿山严格按照各矿山矿产资源开发规划与设计，较好地完成了资源开发与综合利用指标，技术经济水平居国内同类矿山先进行列；资源利用率达到矿产资源规划要求，矿山开发利用工艺、技术和设备符合矿产资源节约与综合利用鼓励、限制、淘汰技术目录的要求，“三率”（开采回采率、选矿回收率、综合利用率）指标达到或超过国家规定标准；节约资源，保护资源，大力开展矿产资源综合利用，资源利用达国内同行业先进水平。

在矿山公园建设方面，为科学保护和永续利用矿业遗迹资源，展现黑龙江省矿业发展历史轨迹和灿烂的文化，黑龙江省开展了国家级矿山公园建设。截至目前，黑龙江省在项目区建有 1 个国家级矿山公园——鹤岗市国家矿山公园，2005 年批准成立，2009 年开园解碑。

通过土地整理、植被恢复等措施对被破坏的矿山地质环境进行综合治理，使昔日满目疮痍的矿山面貌得到有效改善，特别是对毗邻城镇及“三区两线”矿区的治理，极大地提高了矿区生态环境质量，深受社会各界的广泛关注和好评。结合矿区实际，因地制宜地确定治理方向和土地用途，不仅改善了生态环境，减少了次生地质灾害隐患，还增加了一定数量的建设用地，促进了地方经济的发展。在区位优越、自然与人文景观条件允许的矿区建设矿山公园。合理制定与环境背景相协调的园区设计方案，科学利用矿业生产遗迹资源。通过治理，改善了矿区生态环境，弘扬了矿业历史和文化，为周边群众增添了休闲、娱乐、游览的场所，深受矿区群众赞赏。

3.4.4.2 生态修复措施及成效

在国家和地方政策法规的规范下，在国家、地方和企业治理资金的保障下，项目区生态环境建设成效显著。在加大矿山地质环境管理的同时，积极开展矿山地质环境恢复治理工程。治理与恢复措施主要包括废土场治理、塌陷区恢复治理、农田改造、崩塌滑坡治理，植树种草、恢复生态。

对矿山地质环境的恢复治理，始终遵循“从实际出发，因地制宜，因灾设防，宜绿则绿、宜景则景、宜农则农、宜建则建”的指导方针，通过实施不同类型的项目，使废弃的矿山恢复为绿地、建设用地等可利用土地资源，从而达到改善环境的目的。

3.4.5 矿山地质环境影响评价

为使项目区内矿山地质环境保护和治理恢复工作有序开展，对区域内矿山进行地质环境影响评价工作，为生态修复提供技术依据。

3.4.5.1 参数指标法

矿山地质环境影响评价方法采用参数指标法，评价区域为整个项目区域，将调查数据进行正方形单元划分，网格大小为 1 000 m×1 000 m，共划分 98 000 个单元格。

3.4.5.2 评价指标体系构建

矿山地质环境影响评价考虑单个矿山地质环境影响和矿山地质环境背景条件

两方面因素，从而构成了矿山地质环境影响评价目标层。其中单个矿山地质环境影响细分为土地资源占用和破坏、矿山地质灾害、废水排放、固体废物、矿山开发 5 个指标层；这 5 个指标层又细分为占用破坏土地面积/矿山面积、采空区面积/矿山面积，有无地质灾害或隐患、灾害规模、影响范围/矿山面积，年排放量/矿山面积、有无毒性，累积存量/矿山面积、有无毒性，开采矿种、开采方式、矿山规模 12 个评价因子层。矿山地质环境背景条件分为地貌条件、地质灾害易发程度、植被条件、平均降水量的分布和人口密度 5 个指标层。上述目标层、指标层和评价因子层共同构成了矿山地质环境影响评价指标体系，见图 3-6。

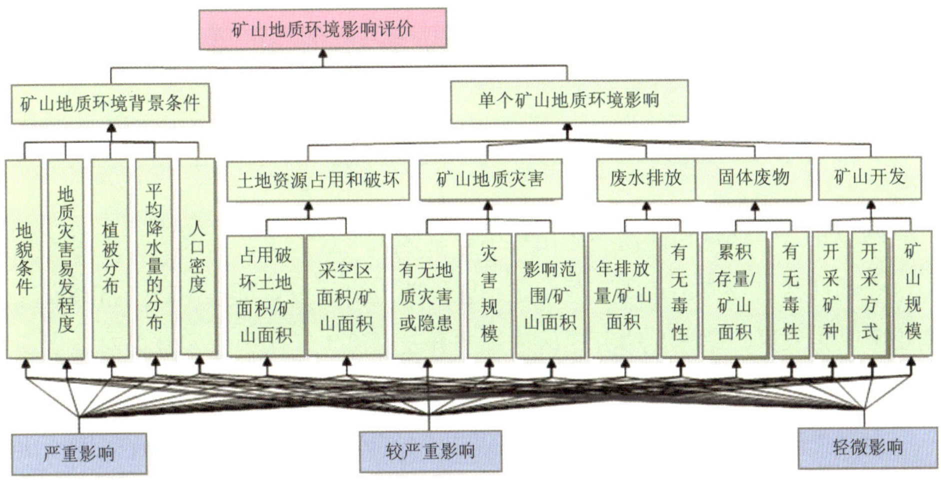

图 3-6 矿山地质环境影响评价指标体系

3.4.5.3 数据提取

本书矿山地质环境影响评价采用参数指标法，要求尽可能准确地提取各个指标的数据。由于笔者获得的数据和资料有限，各个评价指标均无现成数据供直接利用，所以每个指标的量化过程都是在对不同来源和不同形式数据资料的分析和汇总的基础上，充分借助 ArcGIS 的图形处理、图像处理及空间分析等模块，从各类多源性数据中提取有用信息，然后对每个指标按相应的评分结果进行数据提取，并绘制各评价指标图，以求做到数据提取的真实有效。

为统一各类数据的坐标系统和投影参数，笔者首先在 ArcGIS 上建立空白地图，设置空间参考，作为其他数据地图参数的统一标准。

（1）提取单个关闭矿山点，影响范围 20 km，生成单个关闭矿山地质环境影响评价图，命名为 *GB_g*；

（2）利用 ArcGIS 软件系统的空间分析功能进行格网运算，得出关闭矿山地质环境综合评价图。

单元格综合评价值为 *GB_final*，图层叠加和格网计算公式为 $GB\_final=(0.085\,8\times G_{dm}+0.447\,2\times G_{dz}+0.102\,3\times G_{zb}+0.113\,2\times G_{jy}+0.251\,5\times G_{rk})\times GB\_g$，生成矿山地质环境影响评价图。综合评价分级标准见表 3-35。

表 3-35 矿山地质环境综合评价分级标准

评估等级	无影响	轻微影响	较严重影响	严重影响
综合评估指数	0～0.5	0.5～2	2～5	＞5
重分类值	1	2	3	4

结果显示，区域内能源类矿山集中开采区为七台河市新兴区—茄子河区—桃山区—勃利县、双鸭山市岭东区—宝山区—四方台区—集贤县、鹤岗市兴安区—南山区—工农区，这些集中开采区内煤炭开发强度大，区内煤炭开采对地质环境造成的影响以严重影响为主，局部地区为较严重影响。

金属类矿山集中开采区为伊春市西林区，因开发强度大，金属开采对地质环境造成的影响以严重影响为主，局部地区为较严重影响。

非金属类矿山集中开采区为双鸭山市尖山区—四方台区—集贤县、鹤岗市兴山区—南山区—东山区，这些集中开采区开发强度大，非金属开采对地质环境造成的影响以较严重影响为主，局部地区为严重影响。

项目区内对矿山的生态修复主要为对历史遗留矿山的修复。因此，对区域内矿山也做专项的影响评价分析工作。结果显示，矿山集中区为七台河市茄子河区—桃山区—勃利县—新兴区、双鸭山市岭东区—尖山区—宝山区—四方台区—集贤县、鹤岗市兴安区—南山区—东山区，这些集中开采区内关闭矿山相对集中，区内矿山开采对地质环境造成的影响以严重影响为主，局部地区为较严重影响。

3.4.6 矿山地质环境影响分区

项目区地处兴安岭—内蒙地槽褶皱区和兴凯湖—布列亚地块区的南部，地质构造复杂，成矿条件良好，矿产蕴藏量丰富，但区域成矿条件差异较大，矿产集中分布特征比较明显，矿产开发的地质环境背景各异，导致矿产开发、利用产生的环境问题不尽相同。

根据矿山地质环境影响评价及矿产资源开发，将地质环境影响划分为 3 个区：影响严重区、影响较严重区、影响轻微区。

（1）影响严重区

①七台河市勃利县—桃山区—茄子河区—新兴区矿山地质环境影响严重区

该区面积 591.83 km^2，分布矿山 292 座，其中能源矿山 270 座、非金属矿山 22 座，其中大型矿山 2 座，中型矿山 4 座，其他均为小型矿山；主要矿山地质环境问题有地面塌陷、地下水均衡破坏、土地资源占用和破坏等。

②双鸭山市尖山区—岭东区矿山地质环境影响严重区

该区面积 62.42 km^2，分布矿山 12 座，其中能源矿山 10 座、非金属矿山 2 座，均为小型矿山；主要矿山地质环境问题有地面塌陷、地下水均衡破坏、水土污染、土地资源占用和破坏等。

③鹤岗市向阳区—南山区矿山地质环境影响严重区

该区面积 17.32 km^2，分布矿山 9 座，均为能源矿山，均属小型矿山；主要矿山地质环境问题有地面塌陷、地裂缝、地下水均衡破坏、土地资源占用和破坏等。

（2）影响较严重区

①双鸭山—集贤县—友谊县矿山地质环境影响较严重区

该区面积 2 080.22 km^2，分布矿山 287 座，其中能源矿山 151 座、金属矿山 5 座、非金属矿山 131 座，其中大型矿山 5 座，中型矿山 1 座，其他均为小型矿山；主要矿山地质环境问题有地面塌陷、地下水均衡破坏、水土污染、土地资源占用和破坏等。

②鹤岗市东山区—兴山区—向阳区—南山区—兴安区矿山地质环境影响较严重区

该区面积 738.68 km^2，分布矿山 113 座，其中能源矿山 74 座、非金属矿山 39 座，其中大型矿山 7 座，中型矿山 3 座，其他均为小型矿山；主要矿山地质环境问题有地面塌陷、地裂缝、地下水均衡破坏、土地资源占用和破坏等。

③伊春市西林区矿山地质环境影响较严重区

该区面积 137.74 km^2，分布矿山 4 座，其中非金属矿山 4 座，均为小型矿山；主要矿山地质环境问题有滑坡、地形地貌景观破坏、土地资源占用和破坏等。

其他区域为影响轻微区。

3.4.7 评估结果

评估结果表明，项目区 2 069 座矿山中，影响严重的矿山 259 座，占矿山总数的 12.52%；影响较严重的矿山 406 座，占矿山总数的 19.62%；影响轻微的矿山 1 404 座，占矿山总数的 67.86%。项目区内矿山的评估结果见表 3-36。

表 3-36 项目区矿山地质环境影响评价结果统计 单位：座

矿山类型	影响严重	影响较严重	影响轻微	合计
能源类矿山	255	139	324	394
金属类矿山	4	8	35	16
非金属类矿山	0	259	1 045	965
合计	259	406	1 404	2 069

环境影响评估严重的矿山主要分布在 3 个区域，分别为七台河市勃利县—桃山区—茄子河区—新兴区矿山地质环境影响严重区、双鸭山市尖山区—岭东区矿山地质环境影响严重区和鹤岗市向阳区—南山区矿山地质环境影响严重区。

通过对项目区内矿山地质环境评价，其影响范围主要集中于七台河、鹤岗、双鸭山等“四大煤城”重点矿产资源开发区域，历史遗留矿山众多，主要存在矿山地质环境问题为地形地貌景观破坏、土地资源占用和破坏。对区域内生态环境影响较大，亟须进行生态修复。随着矿产资源的持续开发，仍会出现新的矿山地质环境问题，区域内矿山地质环境保护和治理工作任重道远。

第 4 章

水生态环境现状

4.1 地表水环境质量

黑龙江省地表水丰富，监测断面较多，项目区内共涉及国控断面 18 个，见表 4-1。2018 年，河流水系水质状况总体为轻度污染，主要污染指标为化学需氧量、高锰酸盐指数和总磷。

表 4-1 项目区内国控断面情况

断面名称	水系名称	化学需氧量/（mg/L）	高锰酸盐指数/（mg/L）	总磷/（mg/L）	2018 年水质类别
佳木斯上	松花江水系	15.98	5.07	0.13	III
佳木斯下	松花江水系	18.50	5.63	0.14	III
汤旺河口内	松花江水系	20.18	6.66	0.03	IV
同江	松花江水系	17.63	5.16	0.18	III
梧桐河口内	松花江水系	21.13	6.28	0.12	IV
抢垦	松花江水系	22.00	8.22	0.14	IV
宝清大桥	乌苏里江水系	17.88	5.31	0.10	III
挠力河口内	乌苏里江水系	19.43	5.69	0.19	III
兴农排灌站	松花江水系	23.50	7.10	0.13	IV
双河渠首	松花江水系	16.54	4.07	0.09	III
友好	松花江水系	27.91	8.70	0.05	IV
牡丹江口内	松花江水系	15.75	4.88	0.05	III
倭肯河口内	松花江水系	16.46	4.50	0.15	IV

从空间上看，松花江干流水质继续保持III类水体，倭肯河流域、黑龙江干流、双鸭山、鹤岗及伊春的局部水体水质距优良水体有一定差距；从时间上看，流域水体总体有所改善，但局部支流水质仍然不容乐观，需进一步采取工程和管理措施。

4.2 重点河流水环境质量

小兴安岭-三江平原区域内以三江构成水系构架，其中小兴安岭构成黑龙江水系与松花江水系的分水岭。本研究对项目区内汤旺河、倭肯河、挠力河、鹤立河、细鳞河、嘟噜河、安邦河等松花江流域主要支流及松花江干流的化学需氧量、高锰酸盐指数、总磷、总氮和氨氮 5 项指标的调查数据进行统计与分析。

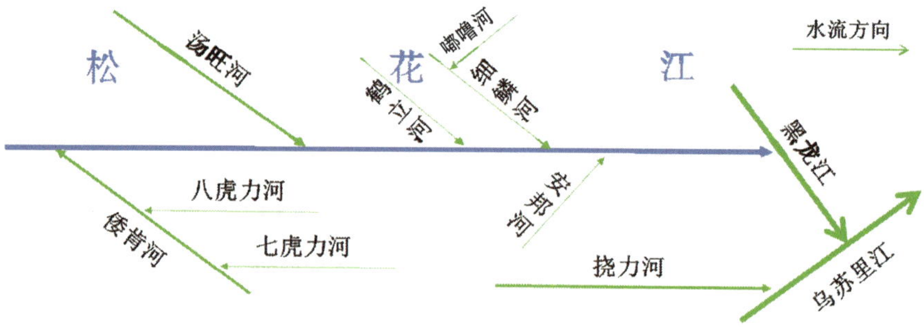

图 4-1 项目区内主要河流示意图

松花江干流从吉林省松原市嫩江注入，至汇入黑龙江的河口，俗称东流松花江。由嫩江注入口至通河县，干流流向东，通河以下，流向东北，经肇源、扶余、哈尔滨、巴彦、木兰、通河、方正、依兰、汤原、佳木斯、桦川、绥滨、富锦、同江，于同江市东北约 7 km 处由右岸注入黑龙江。干流全长 939 km，区间集水面积 18.64 万 km^2。松花江干流两岸河网发达，全长 725 km，落差 1 007 m，水量丰富。松花江与黑龙江交汇后继续东流，在抚远与乌苏里江汇合。

汤旺河为松花江左侧的一大支流，发源于小兴安岭南麓伊春市乌伊岭区桔源林场 43 林班，干流由北向南流，左岸有抗美河、五道库河、大丰河、朱比拉河、亮子河等汇入，右岸有西汤旺河、红旗河、丽林河、友好河、双子河、伊春河、大西林河、西南岔河等汇入，左、右岸汇集的大小支流有 611 条。汤旺河河长 509 km，流域面积 20 838 km^2，流经伊春、汤原两个市（县），于汤原县城南 5 km 处汇入松花江。

倭肯河为松花江右岸较大支流，发源于完达山脉阿尔哈山，流经七台河、勃利、桦南、依兰等市（县），在依兰县城东约 1 km 处注入松花江。全长 450 km。七台河市桃山区以上为山地丘陵区，河谷狭窄，金沙河汇入后稍开阔。流至勃利县倭肯镇以后进入开阔的平原区，中高水位时最大水面宽 170～290 m，最大水深 2.2～5.2 m；枯水位时最大水面宽 10 m，最大水深 0.1 m，流域总面积 11 015 km^2。

八虎力河为倭肯河右岸一大支流，是松花江二级支流，发源于完达山脉阿尔哈山。流经县域长 110 km，河宽 25～40 m，正常流量为 8 m^3/s 左右，流域面积为 1 260 km^2，径流量为 2.23 亿 m^3。八虎力河由东向西横贯全县，流经驼腰子镇、柳毛河镇、八虎力镇、桦南镇、三合镇、曙光农场、新兴乡、梨树乡，在梨树乡清河村西注入倭肯河。

鹤立河位于鹤岗市南部，发源于小兴安岭山脉的青黑山。全长 69 km，河宽 50 m，水深 1.0～1.5 m，流域面积 879 km^2，属常流河。上游为林区，中下游为农垦区。流域内煤炭资源丰富，是我国重要的煤炭产地之一。

安邦河为松花江右岸支流，位于黑龙江省东部，发源于完达山支脉分水岗，自南向北流经双鸭山、集贤、桦川 3 个市（县），在桦川县新城乡境内注入松花江。

挠力河为黑龙江支流乌苏里江左岸的较大支流之一，发源于完达山脉北坡。干流由西南流向东北，经七台河市、宝清县，于饶河县东安镇从左岸注入乌苏里江，全长 596 km，主河道如依其所有弯曲里程计算，全长 950 km，流域面积 23 988 km^2，主要支流有七星河、外七星河、蛤蟆通河等。

4.2.1 水体总氮和氨氮时空变化

氮元素是生物地球化学循环的物质基础之一，也是引起水体富营养化的重要元素。河流水环境中氮具有多源性特点，其来源主要包括降水、大气沉降、工业废水和生活污水、生活垃圾、化学肥料、牲畜排泄物等。随着社会经济的快速发展，工业废水和生活污水排放量不断增加，河流氮污染不断加剧。河流中氮的富集导致水体富营养化和水质恶化，严重威胁流域的水资源供应及河流生态健康。特别是在养殖区域密集、农业种植程度高、新兴工业密集的流域，河流氮污染问题尤其严重。受流域特征、污染物来源及水文过程等自然社会要素影响，河流水体中氮的空间分布及来源存在明显差异。因此，研究河流氮污染状况及来源的时空变化，可为流域氮污染防治提供科学依据。

4.2.1.1 空间变化特征

根据 2019 年 7 月、9 月、11 月 3 次调查的结果，小兴安岭-三江平原流域水体总氮均值为 0.51～4.03 mg/L，平均值为 1.36 mg/L，达到地表水环境Ⅳ类标准。整体而言，总氮空间差异性显著，其相对高值区主要集中分布在倭肯河中下游、松花江安邦河入河口段及松花江佳木斯市段等区域，总氮高值区河流均流经了开发区或者有频繁人类活动的市区。

根据 2019 年 7 月、9 月、11 月 3 次调查的结果，小兴安岭-三江平原流域水体氨氮平均值为 0.45 mg/L，达到地表水环境Ⅱ类标准。整体而言，氨氮空间差异性显著，其相对高值区主要集中分布在安邦河、挠力河、汤旺河上游及松花江佳木斯市段等区域。

4.2.1.2 季节变化特征

松花江干流及包括鹤立河、嘟噜河、安邦河在内的支流 2019 年 7 月总氮含量为 0.34～1.70 mg/L，均值为 0.73 mg/L；11 月总氮含量为 0.57～6.37 mg/L，均值为 1.79 mg/L，7 月总氮含量明显低于 11 月。汤旺河 7 月、9 月和 11 月总氮浓度均值依次为 1.09 mg/L、1.78 mg/L 和 1.80 mg/L，呈逐月增大的规律。倭肯河 7 月总氮含量为 0.67～3.10 mg/L，均值为 1.69 mg/L；11 月总氮含量为 0.70～3.52 mg/L，均值为 1.59 mg/L，7 月总氮含量略高于 11 月，但差异不显著。挠力河 7 月和 11 月总氮浓度均值分别为 0.51 mg/L 和 1.10 mg/L，11 月总氮浓度均值高于 7 月（图 4-2）。综上，除倭肯河总氮季节差异不明显外，小兴安岭-三江平原流域重点河流总氮季节变化整体呈现逐月增大的趋势，这与一年中的水期息息相关。

松花江及其支流 2019 年 7 月氨氮含量为 0.16～1.37 mg/L，均值为 0.40 mg/L；11 月氨氮含量为 0.04～3.63 mg/L，均值为 0.58 mg/L，7 月氨氮含量明显低于 11 月。汤旺河 7 月、9 月和 11 月氨氮浓度均值分别为 0.78 mg/L、0.57 mg/L 和 0.15 mg/L，呈逐月减小的规律。倭肯河 7 月氨氮含量为 0.18～0.77 mg/L，均值为 0.28 mg/L；11 月氨氮含量为 0.05～0.63 mg/L，均值为 0.29 mg/L，11 月氨氮含量略高于 7 月，但差异不显著。挠力河 7 月和 11 月氨氮浓度均值分别为 0.40 mg/L 和 0.20 mg/L，7 月氨氮浓度均值高于 11 月（图 4-3）。综上，小兴安岭-三江平原流域重点河流氨氮整体季节变化不明显。

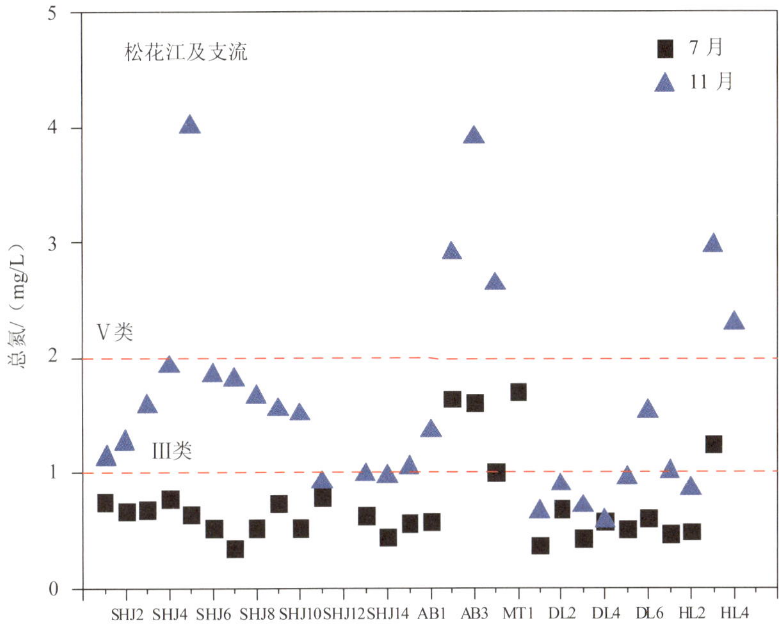
松花江及支流
7 月
11 月
总氮/（mg/L）
V 类
III类
SHJ2 SHJ4 SHJ6 SHJ8 SHJ10 SHJ12 SHJ14 AB1 AB3 MT1 DL2 DL4 DL6 HL2 HL4

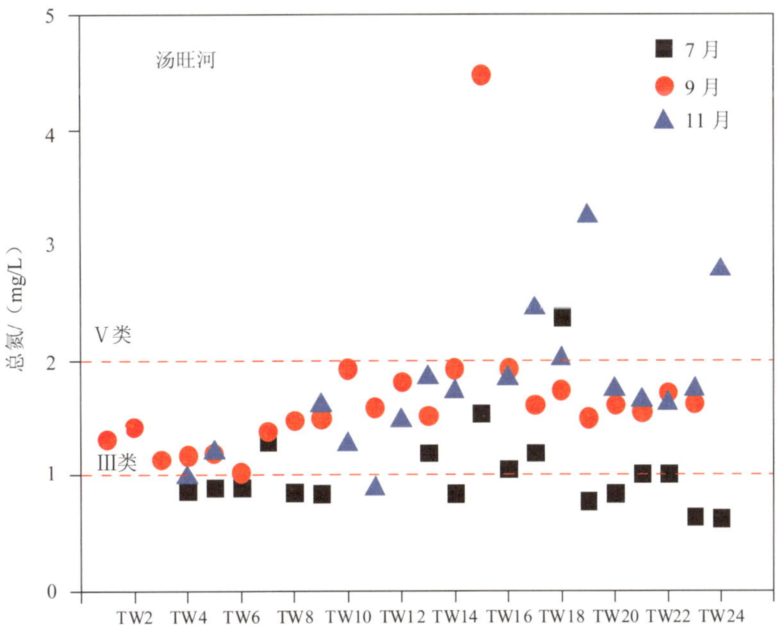
汤旺河
7 月
9 月
11 月
总氮/（mg/L）
V 类
III类
TW2 TW4 TW6 TW8 TW10 TW12 TW14 TW16 TW18 TW20 TW22 TW24

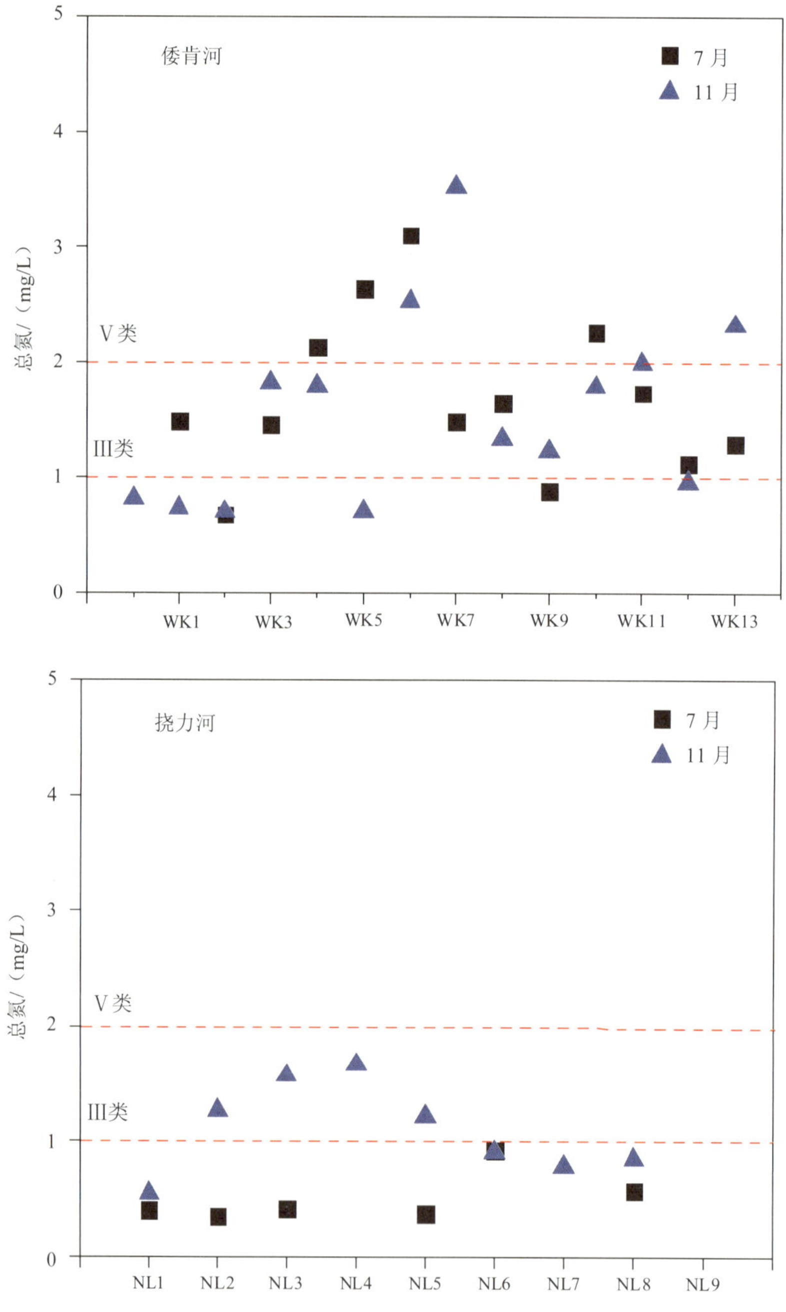

图 4-2　重点河流总氮季节变化特征

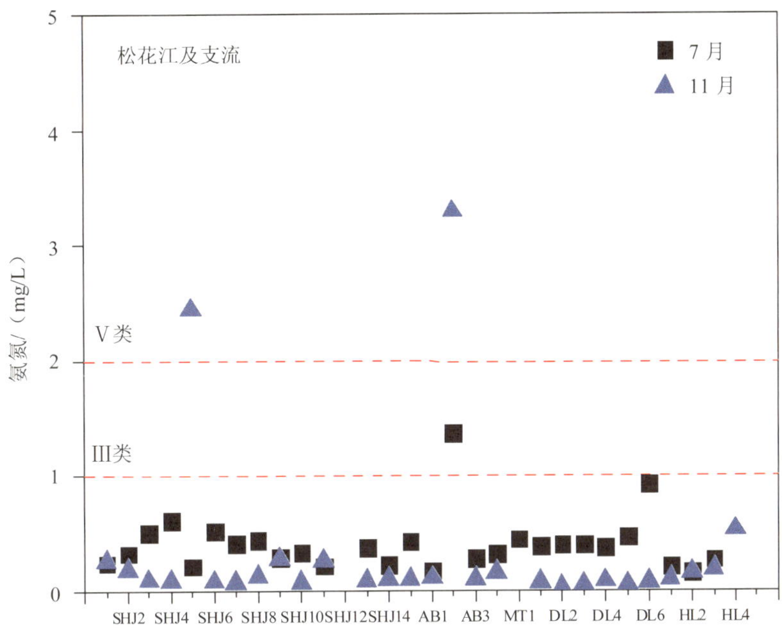
松花江及支流
7月
11月
V类
III类
氨氮/（mg/L）
SHJ2 SHJ4 SHJ6 SHJ8 SHJ10 SHJ12 SHJ14 AB1 AB3 MT1 DL2 DL4 DL6 HL2 HL4

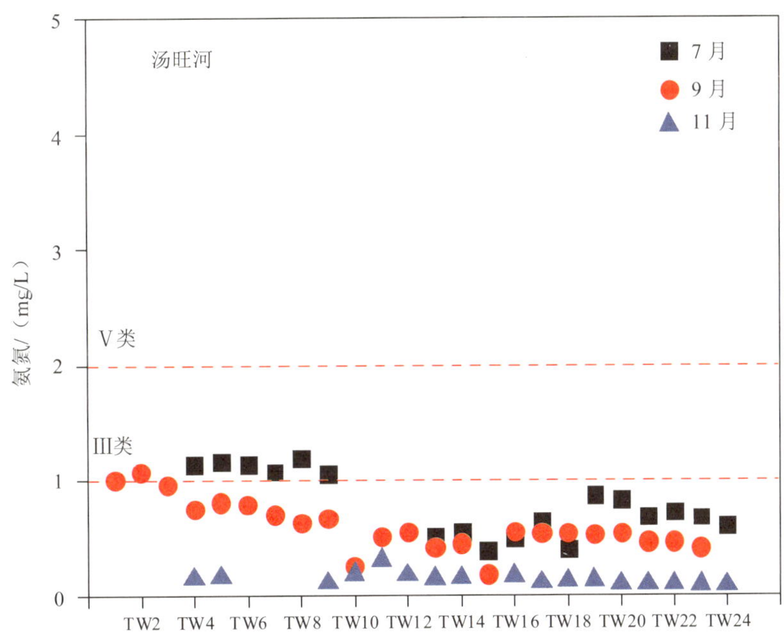
汤旺河
7月
9月
11月
V类
III类
氨氮/（mg/L）
TW2 TW4 TW6 TW8 TW10 TW12 TW14 TW16 TW18 TW20 TW22 TW24

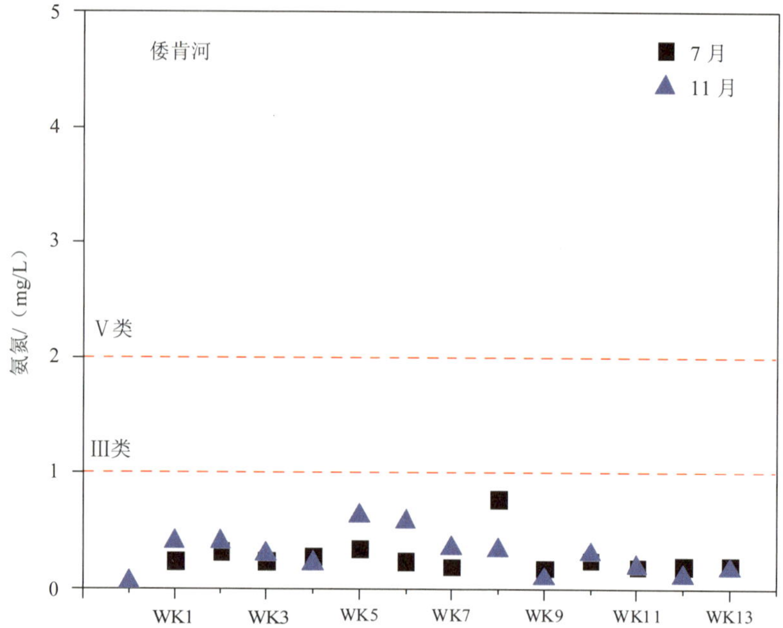

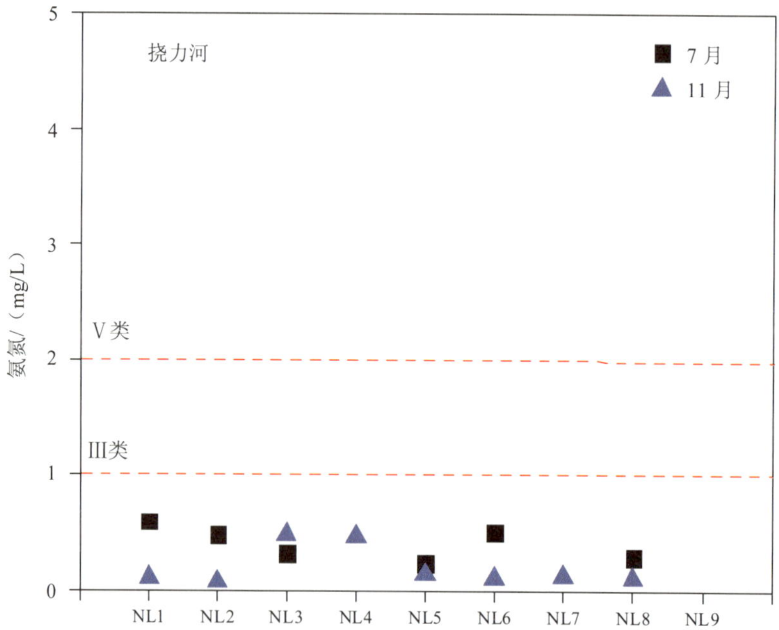

图 4-3　重点河流氨氮季节变化特征

4.2.2 水体总磷时空变化

4.2.2.1 空间变化特征

根据 2019 年 7 月、9 月、11 月 3 次调查的结果，小兴安岭-三江平原流域水体总磷均值为 0.03～1.07 mg/L，平均值为 0.23 mg/L，达到地表水环境Ⅳ类标准。整体而言，总磷空间差异性显著，其相对高值区主要集中分布在松花江佳木斯市段、倭肯河中游及松花江与黑龙江交汇处等区域。

4.2.2.2 季节变化特征

小兴安岭-三江平原流域中松花江及其支流 2019 年 7 月总磷含量为 0.04～0.92 mg/L，均值为 0.28 mg/L；11 月总磷含量为 0.03～1.54 mg/L，均值为 0.25 mg/L，7 月总磷均值明显略高于 11 月。汤旺河 7 月、9 月、11 月总磷浓度均值依次为 0.05 mg/L、0.06 mg/L、0.06 mg/L，无明显季节规律。倭肯河 7 月总磷含量为 0.12～0.83 mg/L，均值为 0.38 mg/L；11 月总磷含量为 0.05～1.69 mg/L，均值为 0.51 mg/L，11 月总磷均值高于 7 月。挠力河 7 月和 11 月总磷浓度均值分别为 0.38 mg/L 和 0.20 mg/L，7 月总磷浓度高于 11 月（图 4-4）。综上，小兴安岭-三江平原流域重点河流总磷整体季节变化不明显。

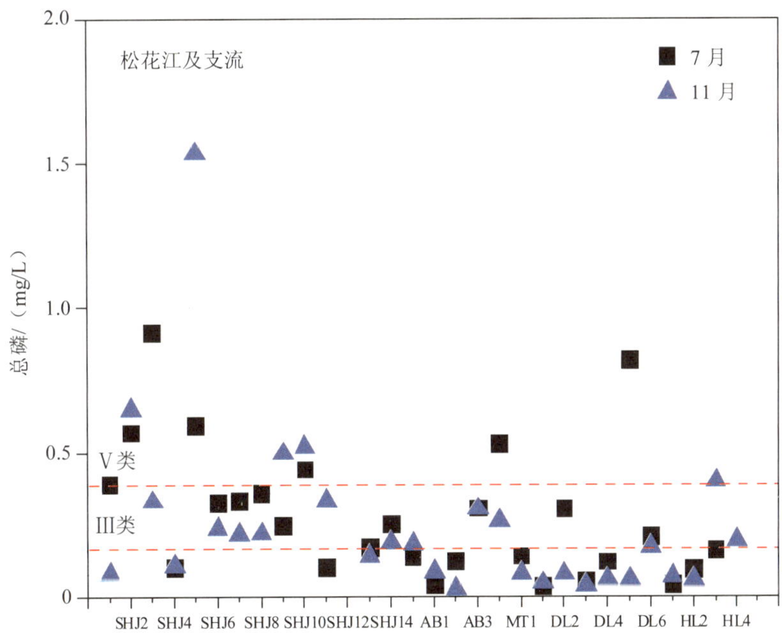

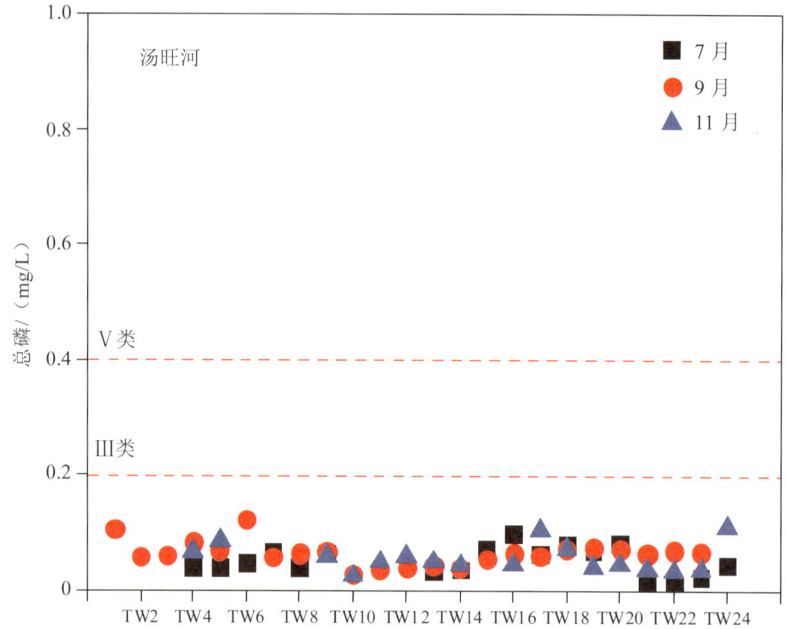
汤旺河
7 月
9 月
11 月
V 类
III类
总磷/（mg/L）
1.0
0.8
0.6
0.4
0.2
0
TW2 TW4 TW6 TW8 TW10 TW12 TW14 TW16 TW18 TW20 TW22 TW24

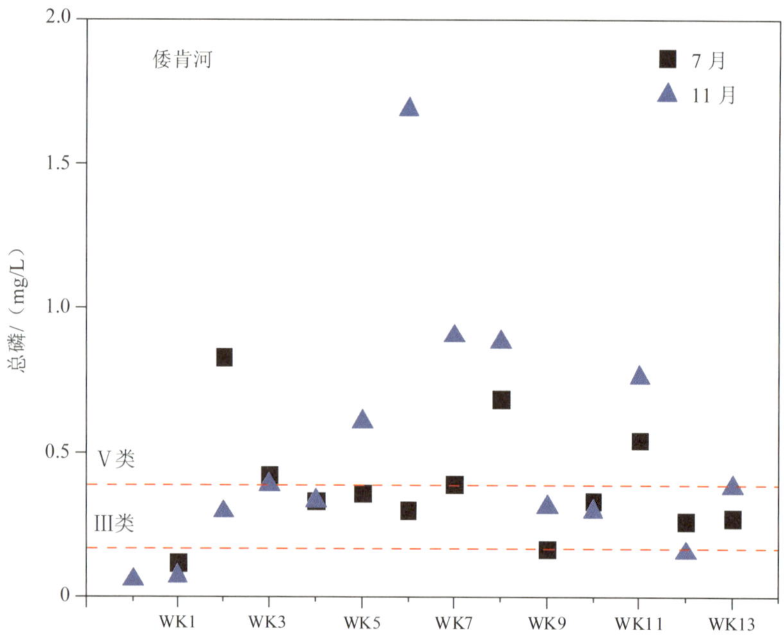
倭肯河
7 月
11 月
V 类
III类
总磷/（mg/L）
2.0
1.5
1.0
0.5
0
WK1 WK3 WK5 WK7 WK9 WK11 WK13

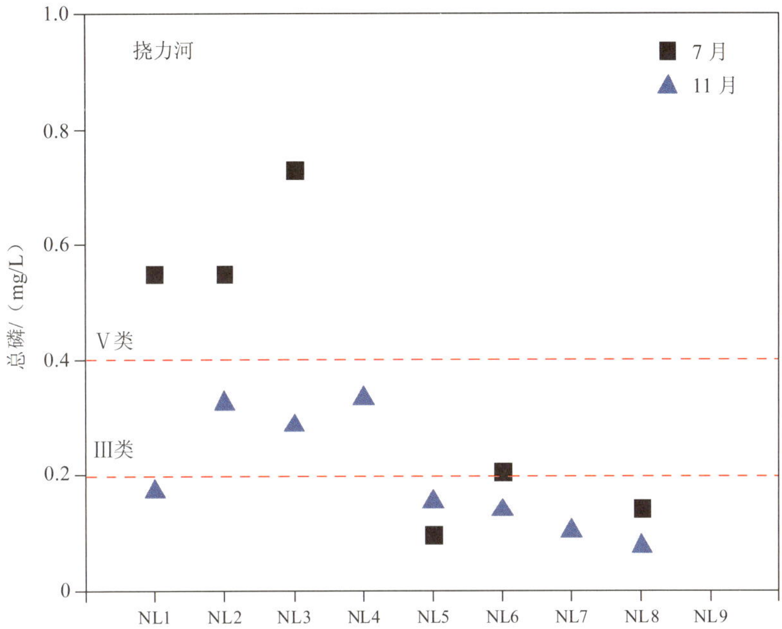

图 4-4　重点河流总磷季节变化特征

4.2.3　水体化学需氧量和高锰酸盐指数时空变化

4.2.3.1　空间变化特征

根据 2019 年 7 月、9 月、11 月 3 次调查的结果，小兴安岭-三江平原流域水体化学需氧量均值为 13.50～56.00 mg/L，平均值为 30.48 mg/L，达到地表水环境Ⅴ类标准。整体而言，化学需氧量空间差异性显著，其相对高值区主要集中分布在倭肯河中下游、安邦河上游、汤旺河上游及松花江佳木斯市段等区域。桃山水库中的水进入倭肯河后流经七台河市区，且周围存在大量煤矿，存在人为污染入河的现象，导致倭肯河中下游化学需氧量含量高；安邦河上游流经双鸭山市市区，松花江佳木斯段属于省级重点开发区，工业较为发达，污染物入河现象仍然存在；汤旺河上游主要为森林，枯枝落叶带来的腐殖质是汤旺河源头水体化学需氧量高的原因。

根据 2019 年 7 月、9 月、11 月 3 次调查的结果，小兴安岭-三江平原流域水体高锰酸盐指数均值为 3.40～30.03 mg/L，均值为 12.80 mg/L，达到地表水环境Ⅴ类标准。整体而言，高锰酸盐指数空间差异性显著，相对高值区主要集中分布在倭肯河中下游、松花江安邦河入河口段及松花江佳木斯市段等区域，高锰酸盐指数的空间分布特征及其成因均与化学需氧量类似。

4.2.3.2 季节变化特征

松花江干流及包括鹤立河、嘟噜河、安邦河在内的支流 2019 年 7 月化学需氧量含量为 19.00～84.00 mg/L，均值为 36.62 mg/L；11 月化学需氧量含量为 3.00～34.00 mg/L，均值为 17.37 mg/L，7 月化学需氧量含量明显高于 11 月。汤旺河 7 月、9 月、11 月化学需氧量浓度呈明显的逐月减小的规律，同时呈从上游到下游逐渐减小的趋势。倭肯河 7 月化学需氧量含量为 26.00～65.00 mg/L，均值为 40.62 mg/L；11 月化学需氧量含量为 14.00～70.00 mg/L，均值为 33.93 mg/L，7 月化学需氧量含量略高于 11 月。挠力河 7 月和 11 月化学需氧量浓度均值分别为 37.86 mg/L 和 23.11 mg/L，7 月化学需氧量浓度均值高于 11 月。综上，小兴安岭-三江平原流域重点河流化学需氧量整体季节变化呈现统一的逐月减小的规律，这极有可能与雨水冲刷带来化学需氧量入河有关。

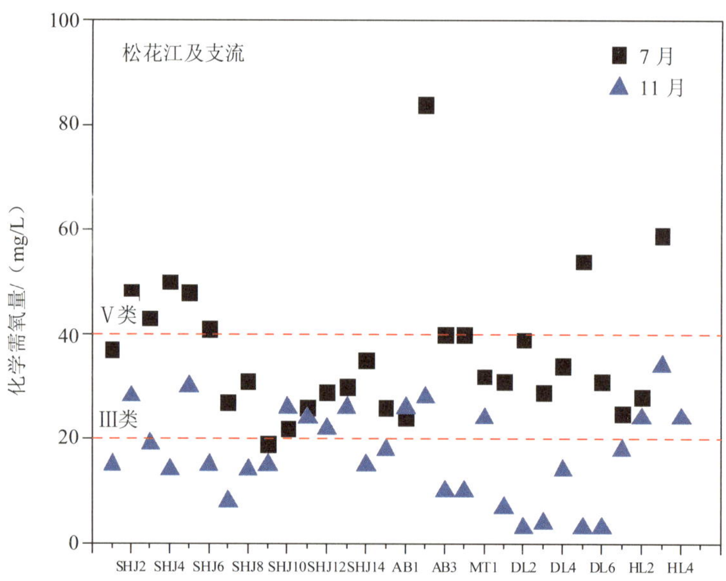

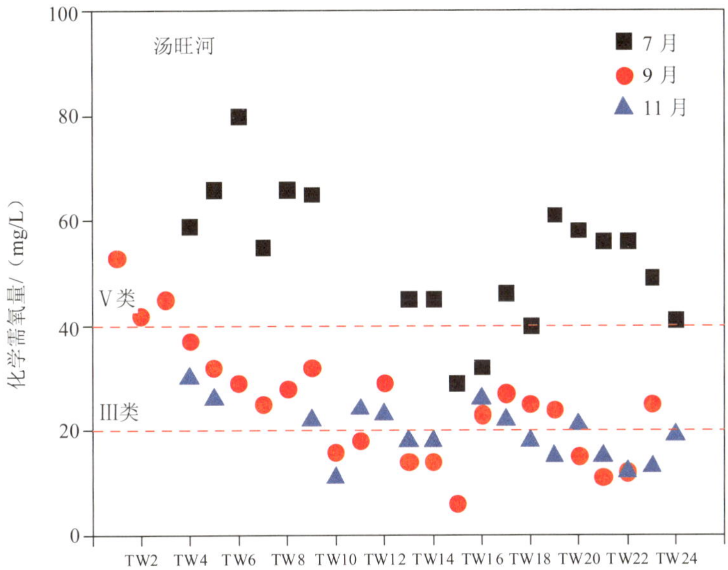
汤旺河
7月
9月
11月
化学需氧量/（mg/L）
V类
III类
100
80
60
40
20
0
TW2 TW4 TW6 TW8 TW10 TW12 TW14 TW16 TW18 TW20 TW22 TW24

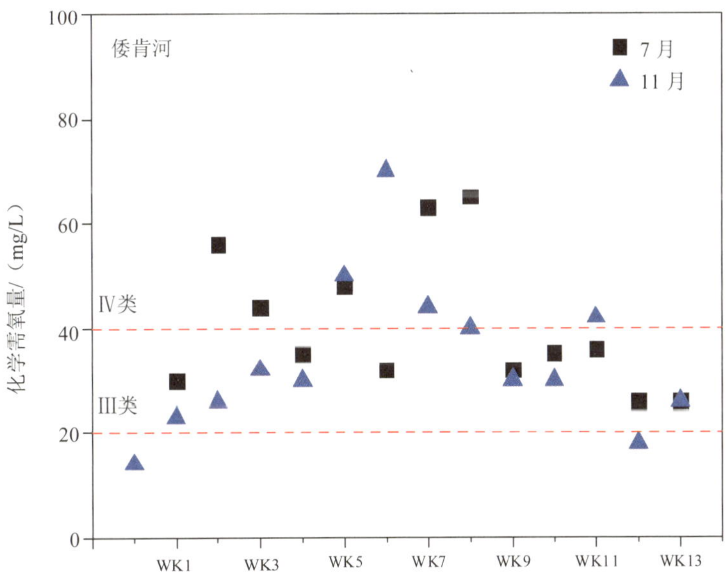
倭肯河
7月
11月
化学需氧量/（mg/L）
IV类
III类
100
80
60
40
20
0
WK1 WK3 WK5 WK7 WK9 WK11 WK13

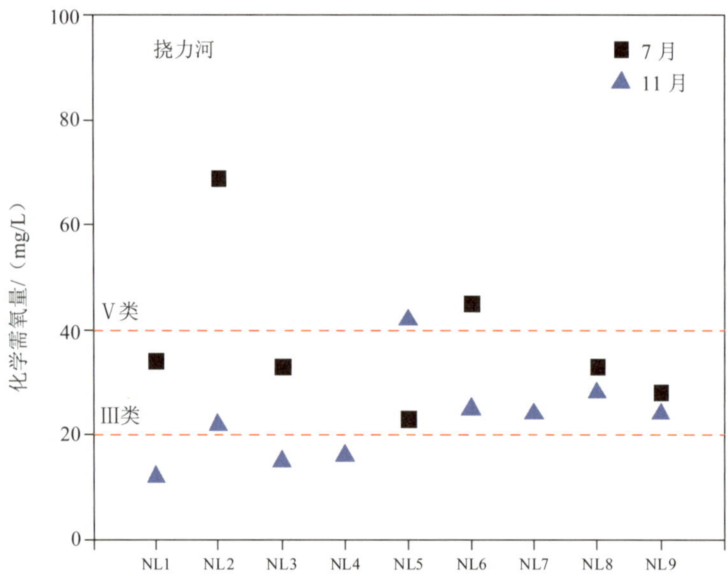

图 4-5　重点河流化学需氧量季节变化特征

2019 年 7 月，松花江干流及包括鹤立河、嘟噜河、安邦河在内的支流高锰酸盐指数含量为 6.80～26.42 mg/L，均值为 13.31 mg/L，11 月高锰酸盐指数含量为 3.12～16.46 mg/L，均值为 7.44 mg/L，11 月高锰酸盐指数明显低于 7 月。汤旺河 7 月、9 月、11 月高锰酸盐指数浓度呈 7 月与 9 月持平但大于 11 月的规律。挠力河 7 月高锰酸盐指数含量为 9.03～17.775 mg/L，均值为 12.06 mg/L；11 月高锰酸盐指数含量为 3.65～12.07 mg/L，均值为 7.79 mg/L，7 月高锰酸盐指数高于 11 月。综上，小兴安岭-三江平原流域重点河流高锰酸盐指数整体季节变化趋势与化学需氧量类似，呈统一的逐月减小的规律。

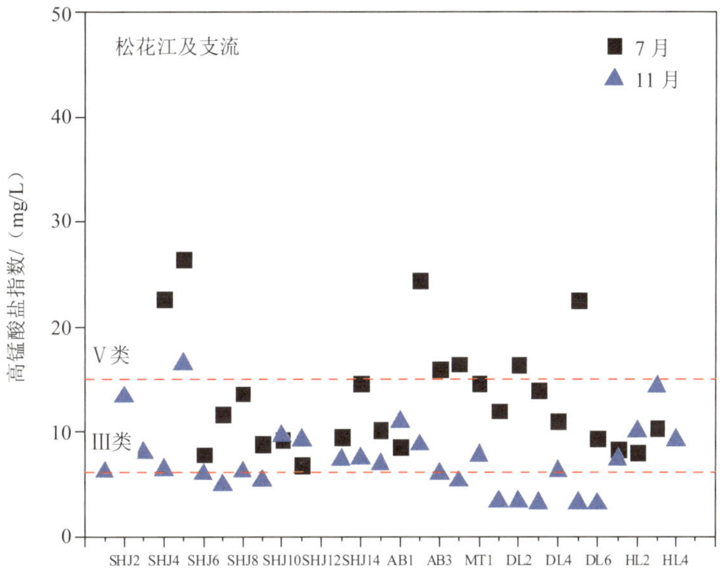
松花江及支流
7月
11月
高锰酸盐指数/（mg/L）
V类
III类
SHJ2 SHJ4 SHJ6 SHJ8 SHJ10 SHJ12 SHJ14 AB1 AB3 MT1 DL2 DL4 DL6 HL2 HL4

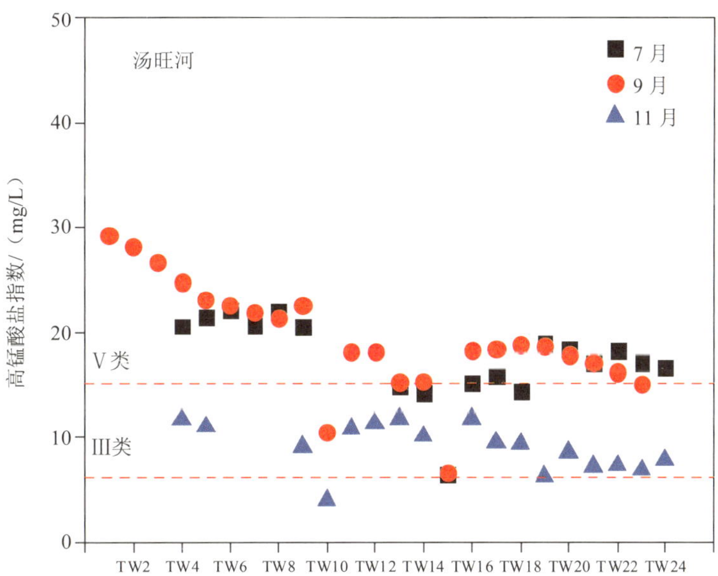
汤旺河
7月
9月
11月
高锰酸盐指数/（mg/L）
V类
III类
TW2 TW4 TW6 TW8 TW10 TW12 TW14 TW16 TW18 TW20 TW22 TW24

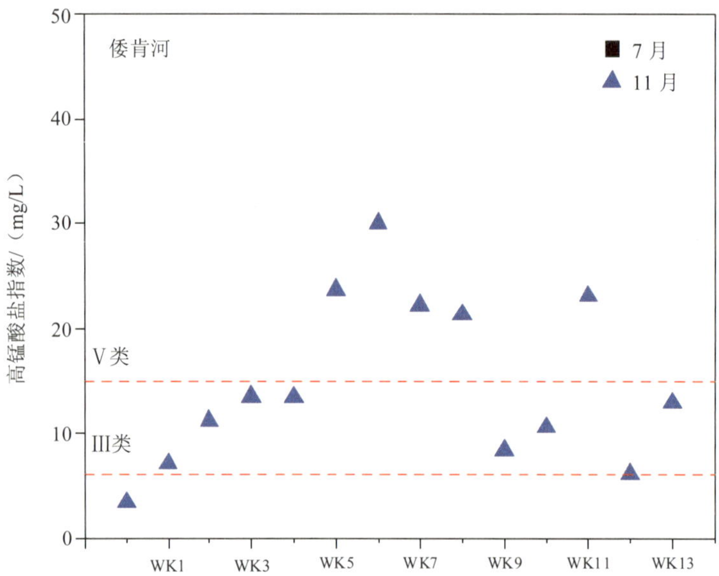

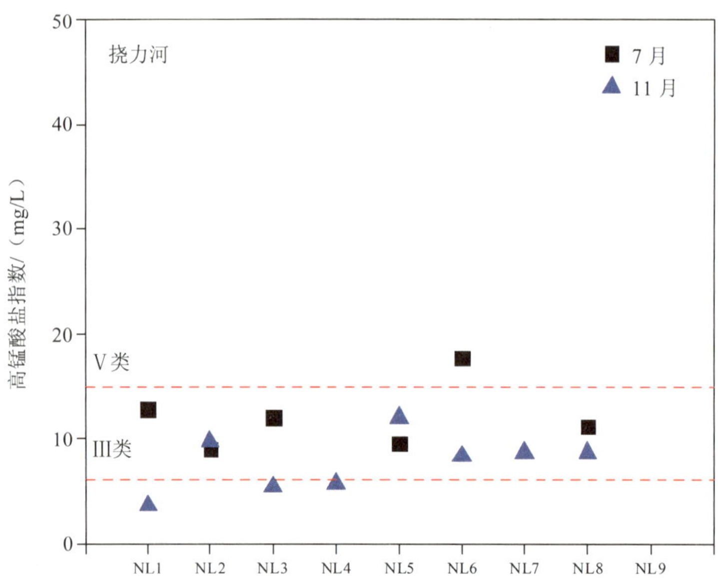

图 4-6　重点河流高锰酸盐指数季节变化特征

在所有重点河流的季节变化中，汤旺河的化学需氧量及高锰酸盐指数季节差异最为显著，为了探究这种差异的成因，笔者又开展了如下进一步的研究分析工作。

4.2.3.3 汤旺河化学需氧量时空分布

汤旺河水体化学需氧量浓度为 12.47～75.60 mg/L，其中春汛期均值为 51.98 mg/L，远超地表水Ⅴ类水平；夏汛期均值为 39.16 mg/L，接近地表水Ⅴ类标准阈值（40 mg/L）。平水期浓度均值为 23.31 mg/L，处于地表水Ⅳ类水平。平水期化学需氧量显著低于春汛期和夏汛期（$p<0.01$），可能受冬季河水温度较低，河流结冰减少了河道周围高腐殖质土壤淋溶入河的影响，冬季水生浮游动植物生长及底泥内源释放作用受限。因此，外源和内源贡献的同步减少导致了汤旺河 11 月水体中化学需氧量的浓度较春汛期和夏汛期低。3 期调查汤旺河化学需氧量浓度沿程均呈现从原始森林汇流的上游向松花江入口的下游逐渐减小的趋势，这与国控断面分布特征一致，进一步说明化学需氧量浓度较高主要是上游原始森林的影响，见图 4-7。

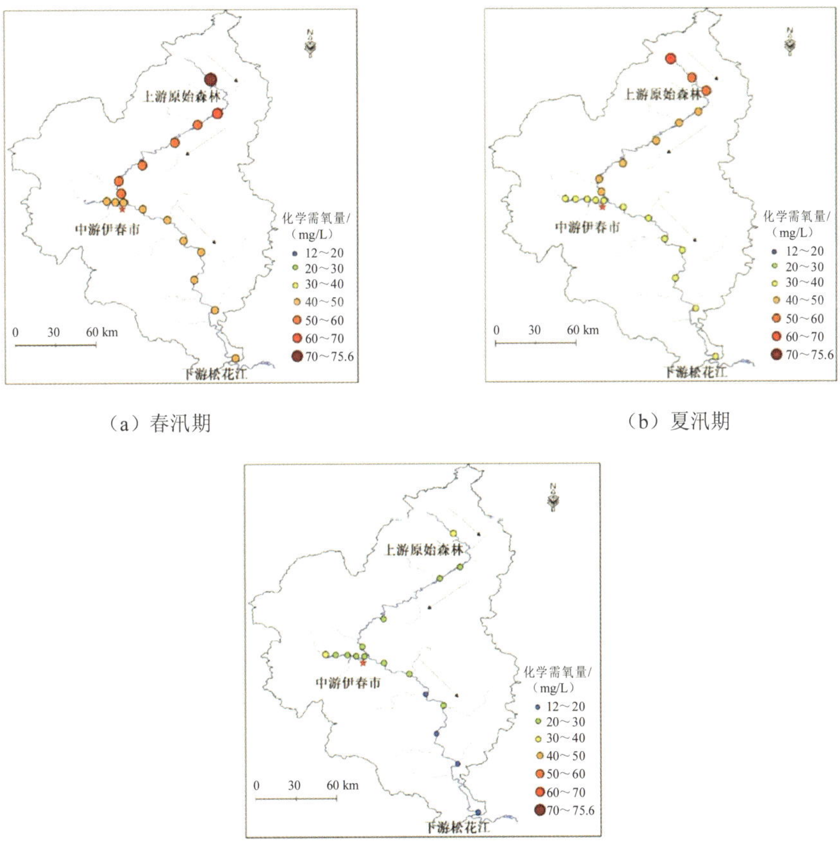

（a）春汛期　　（b）夏汛期

（c）平水期

图 4-7　汤旺河干流水体化学需氧量时空分布特征

4.2.3.4 汤旺河高锰酸盐指数时空分布

汤旺河高锰酸盐指数浓度为 3.63～27.14 mg/L，其中 7 月和 9 月均值分别为 18.97 mg/L 和 16.81 mg/L，远超于地表水Ⅴ类标准，11 月均值为 8.64 mg/L，较 7 月和 9 月下降近一半，处于地表水Ⅳ类水平。高锰酸盐指数的沿程变化与化学需氧量相同，呈上游高下游低的趋势，见图 4-8。

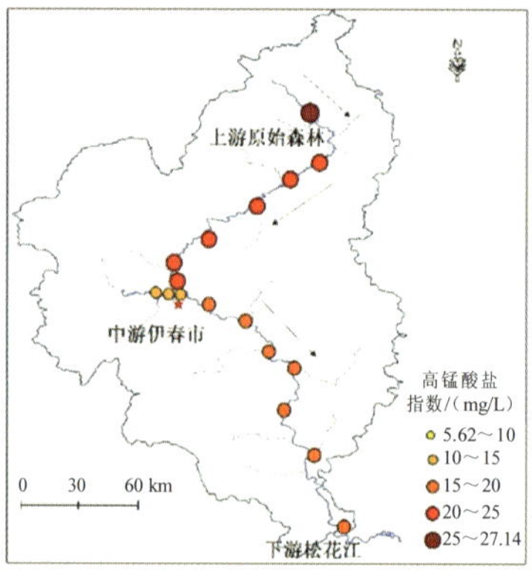

（a）春汛期

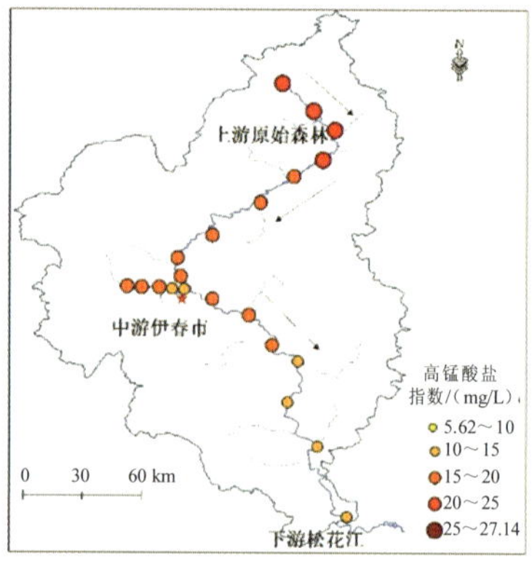

（b）夏汛期

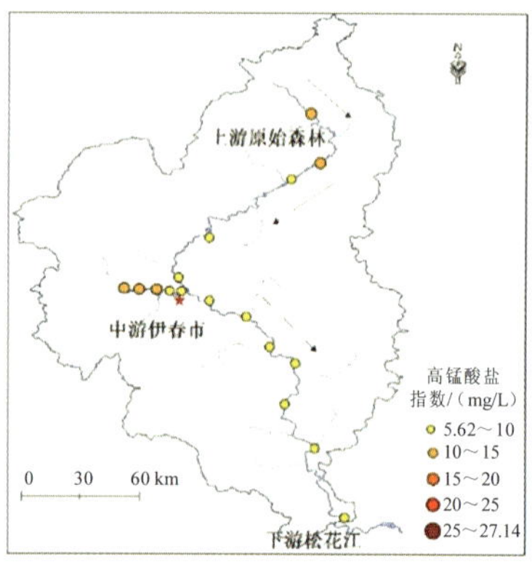

（c）平水期

图 4-8 汤旺河干流高锰酸盐指数时空分布特征

4.2.3.5 汤旺河溶解性有机质特征

化学需氧量和高锰酸盐指数都是氧化水中的还原性物质，包括各种有机物、亚硝酸盐、硫化物、亚铁盐等，但主要是溶解性有机物（DOM）。DOM 在吸收光辐射后可以释放出荧光光子，进而识别出 DOM 组成。

水体各采样点的 DOM 三维荧光光谱图类似，主要观测到 1 个波峰 A（$\lambda_{Ex/Em}$=220～250 nm/390～460 nm），同时还能观测到较弱的峰 C（$\lambda_{Ex/Em}$= 320～350 nm/420～460 nm）。一般认为短波峰 A 反映的是紫外光类腐殖质形成的荧光峰值，长波峰 C 反映的是可见光类腐殖质形成的荧光峰值。汤旺河水体 FDOM 的三维荧光光谱主要为类腐殖质峰，各采样点波峰类似，见图 4-9。

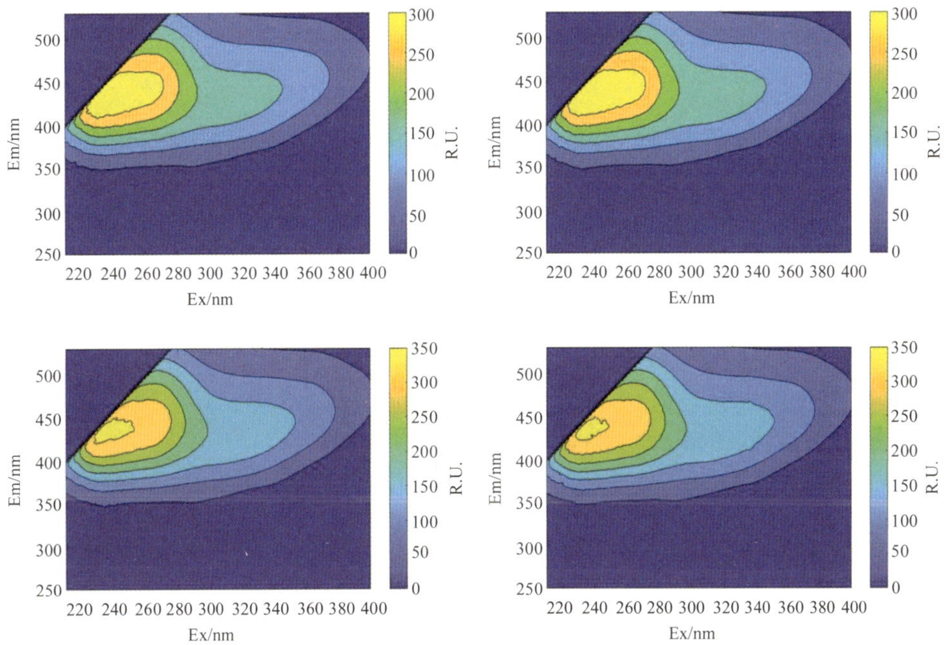

图 4-9 汤旺河水体 FDOM 荧光光谱

利用 PARAFAC 模型对汤旺河流域水体 DOM 的三维荧光光谱矩阵数据进行分析，解析出 3 个具有单一的最大发射波长的 DOM 荧光组分。3 个荧光组分的最大激发/发射波长分布及主成分的三维荧光光谱见表 4-2。

表 4-2 汤旺河水体 DOM 荧光组分特征

组成	Ex	Em	组分浓度			来源
			6 月	8 月	10 月	
C1	230	416	1.78±0.43	2.15±0.53	1.44±0.37	低分子量的类富里酸荧光峰
C2	248	444	1.36±0.48	1.6±0.61	1.07±0.42	高分子类富里酸物质形成的荧光峰
C3	272	484	0.89±0.31	0.96±0.36	0.60±0.24	高分子量类胡敏酸

DOM 的总荧光强度时空差异显著。3 次采样，水体 FDOM 的总荧光强度为 1.7～8.77 R.U.，均值为 4.32 R.U.，7 月、9 月和 11 月总荧光强度分别为 5.59±1.13 R.U.、4.60±1.0 R.U.和 2.72±0.78 R.U.。通过 C1、C2、C3 和总荧光强度与化学需氧量和高锰酸盐指数的多元回归分析来看，DOM 各荧光组分强度及总荧光强度都呈极显著正相关关系（$p<0.01$），说明 DOM 组分化学需氧量和高锰酸盐指数有相似的时空分布特征。即从空间上看，在汤旺河的源头区最高，而后有所降低，在伊春河汇合后，较为稳定；从时间上看，春汛期最大，枯水期最小，也从侧面印证了春汛和夏汛对水体 DOM 的作用。

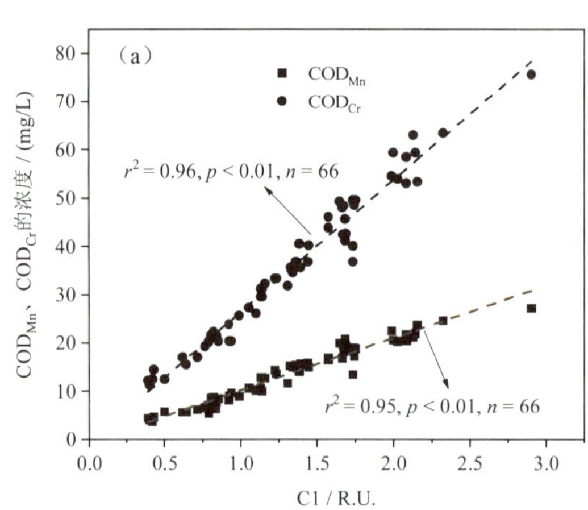

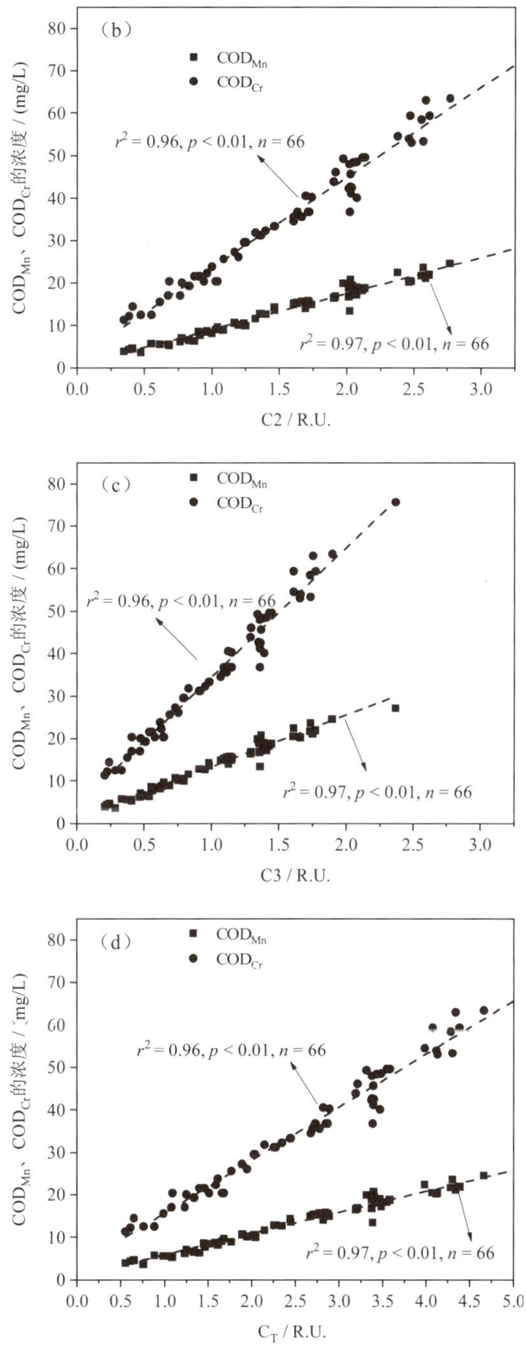

图 4-10　DOM 荧光组分与化学需氧量和高锰酸盐指数相关关系

综合来看，汤旺河水体 DOM 分布特点为上游高于下游，并且随雨量的增加而增加，同时汤旺河上游为原始森林，人口密度极低，土壤中腐殖质含量较高，表明汤旺河 DOM 含量受上游雨水径流的影响，反映出原始森林背景对河流水体 DOM 含量的影响显著。

4.3 重点河流底质环境质量

在外源得到逐步控制的情况下，沉积物作为主要的内源是水体中营养盐的重要来源之一。沉积物氮、磷含量及其分布特征与河流沉积物氮、磷内源负荷息息相关，并且可以在解吸附、分解、配位体交换以及酶水解的作用下，通过扩散、再悬浮、生物扰动等方式进入上覆水体，维持以及进一步加深河流的富营养化水平。因此，研究沉积物中氮、磷有机质的空间分布特征是研究沉积物-水界面氮循环的基础。

4.3.1 底质总氮分布情况

本研究调查了小兴安岭-三江平原流域内主要河流沉积物总氮的含量，结果表明安邦河沉积物中总氮的含量远高于其他河流，重点河流沉积物中总氮含量整体趋势表现为安邦河＞汤旺河＞倭肯河＞松花江＞八虎力河＞嘟噜河＞挠力河，这一规律与水体总氮的规律类似，受人为因素影响较高的安邦河沉积物总氮浓度最高，其次是受环境背景值影响的汤旺河。

4.3.2 底质总磷分布情况

本研究调查了小兴安岭-三江平原流域内主要河流沉积物总磷的含量，结果表明，与总氮类似，安邦河沉积物中总磷的含量远高于其他河流，河流沉积物中总磷含量整体趋势表现为安邦河＞汤旺河＞八虎力河＞倭肯河＞嘟噜河＞挠力河＞松花江。

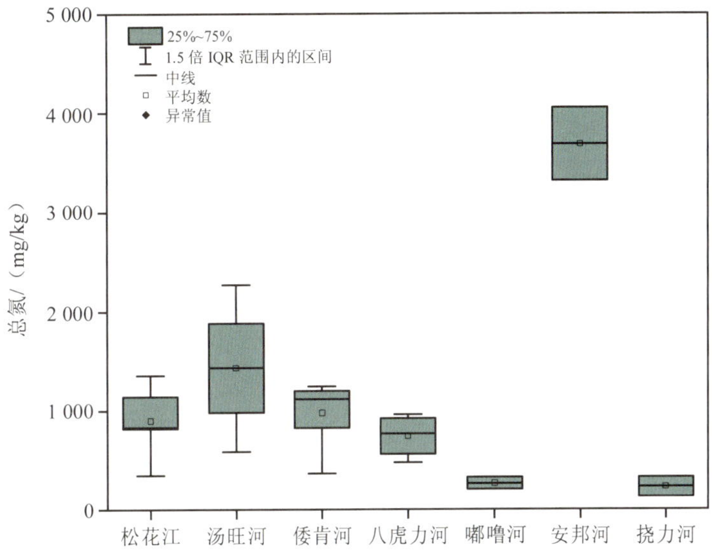

图 4-11　重点河流底质总氮含量变化特征

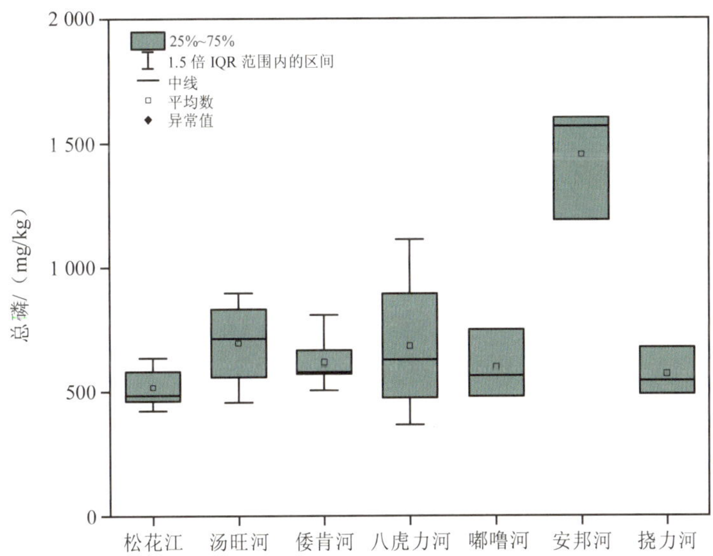

图 4-12　重点河流底质总磷含量变化特征

4.3.3　底质有机质分布情况

本研究调查了小兴安岭-三江平原流域内主要河流沉积物有机质的含量，结果表明，与总氮、总磷类似，安邦河沉积物中有机质的含量远高于其他河流，其次为挠力河，重点河流沉积物中有机质含量整体趋势表现为安邦河>挠力河>汤旺河>倭肯河>松花江>嘟噜河>八虎力河。

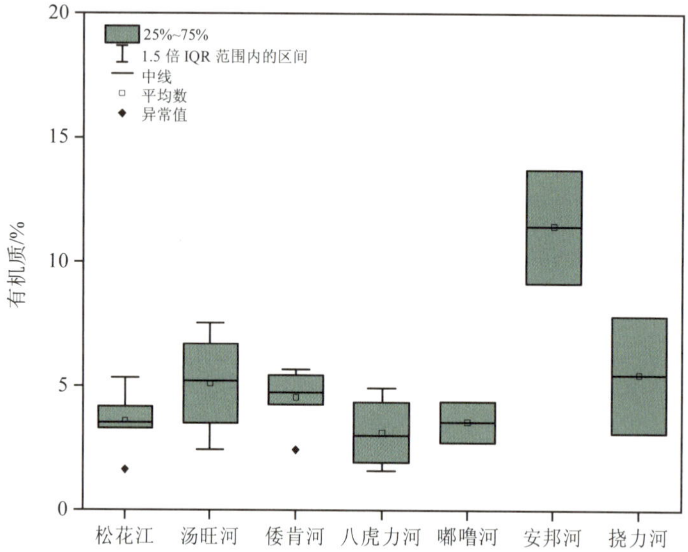

图 4-13 重点河流底质有机质含量变化特征

4.4 重点河流水生态

4.4.1 浮游植物

4.4.1.1 物种组成

根据 2019 年在重点河流松花江、汤旺河、倭肯河及其支流八虎力河进行的浮游植物调查，共收集到 18 个浮游植物样品，鉴定出 22 种浮游植物，按照浮游植物密度排序依次为针杆藻、颗粒直链藻、鞘丝藻、异极藻、栅藻、念珠藻、席藻、小球藻、曲壳藻、舟形藻、菱形藻、卵形藻、小环藻、桥弯藻、囊裸藻、色球藻、鱼腥藻、波缘藻、脆杆藻、双眉藻、实球藻、空星藻（表 4-3）。

表 4-3　重点河流浮游植物种类

	1	2	3	4	5	6	7	8	9	10	11	12	13	14	15	16	17	18
针杆藻	+		+	+	+	+	+			+	+	+	+					
颗粒直链藻	+	+	+			+	+	+	+	+	+	+		+				
鞘丝藻			+			+	+	+	+						+			+
异极藻	+					+			+									+
栅藻		+					+			+			+					
念珠藻	+	+	+			+			+		+		+	+				
席藻						+			+								+	
小球藻					+	+			+				+	+				
曲壳藻	+		+	+	+		+		+	+	+				+	+	+	
舟形藻	+		+	+	+	+				+		+	+	+	+	+	+	+
菱形藻	+		+			+	+	+				+		+				
卵形藻			+									+				+	+	+
小环藻	+		+			+	+	+	+			+	+	+				
桥弯藻		+								+					+			
囊裸藻		+	+		+	+	+				+			+				+
色球藻							+		+									
鱼腥藻	+	+				+	+	+		+								
波缘藻		+		+		+	+											
脆杆藻							+					+						+
双眉藻															+			+
实球藻			+	+									+					+
空星藻			+												+			

4.4.1.2　物种多样性

生物多样性是指一定范围内，多种生物（动物、植物和微生物）通过自然关联构成的、具有稳定功能的生态体系。这种多样性包括动物、植物、微生物的物种多样性，物种的遗传与变异的多样性及生态系统的多样性。

生物群落多样性分析的计算公式如下：

Margalef 物种丰富度指数（D）：

$$D = \frac{S-1}{\ln N} \tag{4-1}$$

式中：S——群落中的物种总数；

N——群落中所有物种的个体总数。

Shannon-Wiener 多样性指数（H'）：

$$H' = \sum_{i=1}^{S} p_i \ln p_i \tag{4-2}$$

式中：p_i——第 i 种物种的个体数占总个体数的比例（$\frac{n_i}{N}$，n_i 是第 i 种的个体数，N 是总个体数）；

S——群落中的物种总数。

Pielou 均匀度指数（J'）：

$$J' = \frac{H'}{\ln S} \tag{4-3}$$

参照原环境保护部发布的《近岸海域环境监测规范》（HJ 442—2008）中的生物多样性指数评价标准，评价生境质量等级，多样性指数分级评价标准见表 4-4。

表 4-4　多样性指数分级评价标准

指数值	级别	评价状态	生境质量等级
$H'>3$	丰富	物种种类丰富，个体分布均匀	优
$2<H'\leq3$	较丰富	物种丰富度较高，个体分布比较均匀	良好
$1<H'\leq2$	一般	物种丰富度较低，个体分布比较均匀	一般
$0<H'\leq1$	贫乏	物种丰富度低，个体分布不均匀	差
$H'=0$	极贫乏	物种单一，多样性基本丧失	极差

项目区内重点河流浮游植物多样性见表 4-5，单个样品检出物种数为 3～13，均值为 7；D 多样性指数为 0.22～0.93，均值为 0.55；J' 多样性指数为 0.25～0.94，均值为 0.62；H' 多样性指数为 0.52～1.81，均值为 1.17。对照多样性指数分级评价标准，项目区内重点河流浮游植物物种丰富度较低，多样性较为贫乏。

表 4-5　重点河流浮游植物多样性

序号	种类	丰富度	D	J'	H'
1	9	70 421.15	0.72	0.77	1.68
2	7	91 799.00	0.53	0.56	1.08
3	12	282 187.61	0.88	0.25	0.63
4	5	95 445.81	0.35	0.32	0.52
5	5	58 348.95	0.36	0.43	0.69
6	13	411 360.12	0.93	0.71	1.81
7	12	134 630.15	0.93	0.57	1.43
8	5	21 126.35	0.40	0.89	1.43
9	9	369 333.78	0.62	0.81	1.78
10	7	182 340.48	0.50	0.36	0.70
11	5	31 689.52	0.39	0.66	1.07
12	7	82 996.36	0.53	0.49	0.96
13	7	42 126.94	0.56	0.67	1.30
14	7	22 132.36	0.60	0.75	1.46
15	6	26 925.28	0.49	0.89	1.60
16	3	8 326.12	0.22	0.94	1.04
17	4	48 511.06	0.28	0.39	0.54
18	8	67 574.16	0.63	0.60	1.25

八虎力河浮游植物生物量远高于其他河流，且不同河流优势浮游植物种类不同，具体见图 4-14。松花江以鞘丝藻、舟形藻和曲壳藻为主，汤旺河以菱形藻、小球藻和念珠藻为主，倭肯河以鞘丝藻、针杆藻和念珠藻为主，八虎力河以针杆藻、鞘丝藻和小球藻为主。

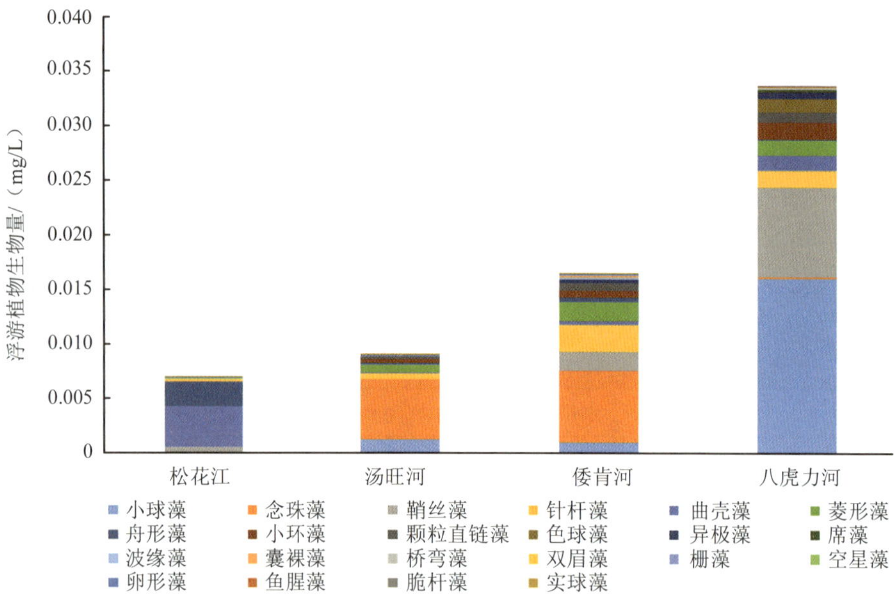

图 4-14　重点河流浮游植物生物量

4.4.2　浮游动物

4.4.2.1　物种组成

根据 2019 年在重点河流松花江、汤旺河、倭肯河、八虎力河、安邦河、嘟噜河及挠力河进行的浮游动物调查，共鉴定出 15 种浮游动物，依次为方形网纹溞、大型溞、长刺溞、象鼻溞、透明薄皮溞、微型裸腹溞、直额裸腹溞、长肢秀体溞、三刺沙居水蚤、无节幼体、微刺小剑水蚤、小型后剑水蚤、长刺蚤、桡足幼体及粗壮温剑水蚤。

表 4-6　重点河流浮游动物种类

序号	方形网纹溞	大型溞	长刺溞	象鼻溞	透明薄皮溞	微型裸腹溞	直额裸腹溞	长肢秀体溞	三刺沙居水蚤	无节幼体	微刺小剑水蚤	小型后剑水蚤	长刺蚤	桡足幼体	粗壮温剑水蚤
1		+	+												
2			+					+		+					
3					+										

序号	方形网纹溞	大型溞	长刺溞	象鼻溞	透明薄皮溞	微型裸腹溞	直额裸腹溞	长肢秀体溞	三刺沙居水蚤	无节幼体	微刺小剑水蚤	小型后剑水蚤	长刺蚤	桡足幼体	粗壮温剑水蚤
4	+	+			+		+	+		+		+	+		+
5	+		+	+	+		+			+					+
6	+				+		+					+			+
7	+				+			+		+					
8	+												+		
9		+					+			+					
10	+														
11	+	+		+			+			+					+
12		+					+			+					+
13	+		+					+		+					+
14					+	+				+		+	+		
15	+				+					+	+	+	+	+	+
16	+				+							+	+	+	
17															
18															
19	+													+	
20					+								+		
21			+		+										+
22	+				+					+		+		+	
23	+														
24	+	+		+			+			+					+
25		+		+	+		+	+	+			+		+	+
26	+	+			+		+	+		+		+	+		+
27				+			+	+				+		+	
28		+						+				+			+
29					+			+							
30		+							+					+	
31		+							+	+				+	
32		+					+		+	+		+		+	

序号	方形网纹溞	大型溞	长刺溞	象鼻溞	透明薄皮溞	微型裸腹溞	直额裸腹溞	长肢秀体溞	三刺沙居水蚤	无节幼体	微刺小剑水蚤	小型后剑水蚤	长刺蚤	桡足幼体	粗壮温剑水蚤
33								+							
34		+					+	+	+		+			+	
35		+					+		+					+	
36		+					+	+		+					+
37	+	+	+	+		+		+				+			
38		+		+	+			+				+			+
39		+		+	+	+	+	+				+			
40		+		+	+							+	+		
41		+	+	+	+	+	+	+				+			
42				+	+	+		+				+			
43															
44															
45						+		+							
46					+							+			
47							+			+		+			
48		+		+		+		+				+			
49								+							
50		+					+	+	+		+			+	
51	+					+		+							
52			+												
53			+		+	+		+		+	+		+	+	+
54	+	+	+		+			+					+	+	
55			+		+					+			+	+	
56			+			+		+						+	
57					+			+							+

4.4.2.2 物种多样性

重点河流浮游动物多样性见表 4-7，单个样品检出物种数为 0～9，均值为 4；*D* 多样性指数为 1.06～31.96，均值为 17.18；*J'* 多样性指数为 0.53～1.00，均值为

0.89；H'多样性指数为 0.69～2.06，均值为 1.33。与浮游植物类似，项目区内重点河流浮游动物物种丰富度较低，多样性较为贫乏。

表 4-7 重点河流浮游动物多样性

序号	种类	丰富度	D	J'	H'
1	2	0.13		1.00	0.69
2	3	0.20		1.00	1.10
3	1	0.07			
4	9	1.33	27.81	0.94	2.06
5	7	0.87		0.91	1.78
6	5	1.13	31.96	0.85	1.37
7	4	17.04	1.06	0.86	1.19
8	2	0.13		1.00	0.69
9	3	0.80		0.75	0.82
10	1	0.07			
11	6	0.60		0.97	1.74
12	4	1.27	12.69	0.53	0.73
13	5	0.73		0.96	1.55
14	5	0.73		0.94	1.52
15	8	1.80	11.91	0.91	1.89
16	5	0.87		0.86	1.38
17	0	0.00			
18	0	0.00			
19	2	0.13		1.00	0.69
20	2	0.13		1.00	0.69
21	3	0.40		0.79	0.87
22	5	0.60		0.89	1.43
23	1	0.07			
24	6	0.60		0.97	1.74
25	9	1.33	27.81	0.94	2.06
26	9	1.33	27.81	0.94	2.06
27	5	1.13	31.96	0.85	1.37

序号	种类	丰富度	D	J'	H'
28	4	17.04	1.06	0.86	1.19
29	2	0.13		1.00	0.69
30	3	0.80		0.75	0.82
31	4	1.00		0.78	1.08
32	6	3.00	4.55	0.90	1.62
33	1	0.07			
34	6	0.60		0.97	1.74
35	4	1.27	12.69	0.53	0.73
36	5	0.73		0.96	1.55
37	7	0.87		0.93	1.82
38	6	0.87		0.91	1.63
39	7	1.73	10.91	0.87	1.69
40	5	0.73		0.94	1.52
41	8	1.80	11.91	0.91	1.89
42	5	0.87		0.86	1.38
43	0	0.00			
44	0	0.00			
45	2	0.13		1.00	0.69
46	2	0.13		1.00	0.69
47	3	0.40		0.79	0.87
48	5	0.60		0.89	1.43
49	1	0.07			
50	6	0.60		0.97	1.74
51	3	0.20		1.00	1.10
52	1	0.07			
53	9	1.33	27.81	0.94	2.06
54	7	0.87		0.91	1.78
55	5	1.13	31.96	0.85	1.37
56	4	17.04	1.06	0.86	1.19
57	3	0.80		0.75	0.82

鹤立河浮游动物生物量远高于其他河流，且不同河流优势浮游动物种类不同，具体见图 4-15。松花江以微型裸腹溞、长刺溞和桡足幼体为主，汤旺河以微型裸腹溞、透明薄皮溞和大型溞为主，安邦河以直额裸腹溞、桡足幼体和大型溞为主，鹤立河以长肢秀体溞、透明薄皮溞和方形网纹溞为主，嘟噜河以无节幼体、大型溞和桡足幼体为主，挠力河以桡足幼体、透明薄皮溞和长刺溞为主。

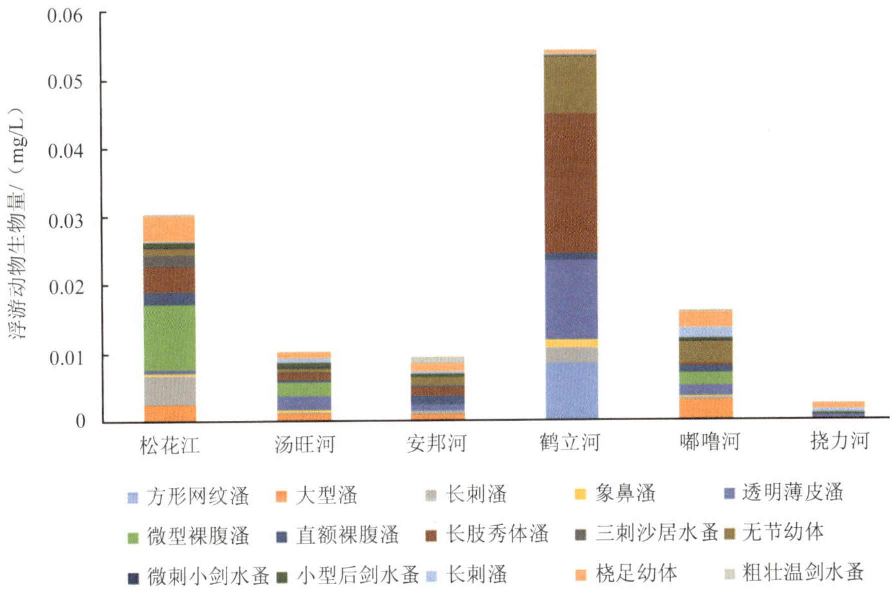

图 4-15　重点河流浮游动物生物量

第 5 章

生态服务功能

5.1 项目区功能定位

（1）在国家生态安全屏障中的定位

《全国主体功能区规划》提出：构建以“两屏三带”为主体的生态安全战略格局。其中，小兴安岭、三江平原位于东北森林带，主要任务为重点保护好森林资源和生物多样性，发挥东北平原生态安全屏障的作用。

（2）在东北山地平原区生物多样性优先保护区中的定位

《中国生物多样性保护战略与行动计划（2011—2030 年）》确定小兴安岭、三江平原为生物多样性保护优先区域，保护重点为典型寒温带及温带森林类型、森林湿地生态系统类型，以及以东北虎、原麝、红松、东北红豆杉、野大豆等珍稀动植物及其生境条件。

《全国生态功能区划（修编版）》将小兴安岭-三江平原山水林田湖草生态保护修复工程试点区域定位为小兴安岭生物多样性保护重要区和三江平原湿地生物多样性保护重要区。在小兴安岭-三江平原山水林田湖草生态保护修复工程试点区域的小兴安岭腹地加大自然森林生态系统保护力度，控制商品林采伐规模，严禁开荒毁林；坚持自然恢复，加强林缘草甸湿地的管护和退化生态系统的恢复重建。在三江平原加强对现有湿地资源和生物多样性的保护，划定湿地生态红线，禁止疏干、围垦湿地，严格限制耕地扩张；改变粗放的生产经营方式，发展生态农业，控制农药、化肥使用量；严格限制泥炭开发。

（3）国际重要湿地

小兴安岭-三江平原山水林田湖草生态保护修复工程试点区域有国家级自然保护区 21 个，其中 4 个自然保护区是中国履约的国际重要湿地，分别是三江国家级自然保护区、洪河国家级自然保护区、七星河国家级自然保护区、友好国家级自然保护区，这 4 个自然保护区湿地生态功能极其突出。此外，三江国家级自然保护区、洪河国家级自然保护区和八岔岛国家级自然保护区是中俄跨界自然保护区。

（4）国家重要“口粮”基地和现代农业综合配套改革试验区

《全国生态功能区划（修编版）》的产品提供功能区中将小兴安岭-三江平原山水林田湖草生态保护修复工程试点区域定位为三江平原农产品提供功能区和小兴安岭山地林产品提供功能区；《全国主体功能区划（修编版）》中该区域的定位为国家水稻、大豆、玉米产业带，国家重点粮食生产基地和国家现代农业综合配套改革试验区。

（5）生态文明先行示范区、生态保护与建设示范区

伊春市已被列入国家生态文明先行示范区和生态保护与建设示范区，饶河县被列入国家生态文明建设示范市县名单，富锦市被列入主体功能区建设试点示范单位，鹤岗市被列入全国水生态文明试点城市。

5.2 自然保护区情况

根据自然保护区类型划分标准和自然保护区建设职能分工，项目区内自然保护区主要分为森林生态系统、湿地生态系统和野生植物 3 种。省级以上自然保护区中，森林生态系统型 16 个，保护面积 16 054.53 km^2；湿地生态系统型 32 个，保护面积 39 093.01 km^2；野生植物型 14 个，保护面积 34 037.64 km^2。

5.3 区域植被特征与水文过程影响

5.3.1 区域植被类型与分布

（1）样地及植被调查情况

样地布设：全省市县林区设一个总体，复查总面积约 2 727.2 万 hm^2，样地点间距 4 km×8 km。

植被调查：调查林地样地上灌木（包括层外幼树）、草本和地被植物的种类、高度与覆盖度。

在样地南角向西 2 m 处设置 2 m×2 m 的样方开展植被调查。样方的四角应进行固定（样方四角标志为木制标桩，规格为粗 3 cm、长 50 cm，剥掉树皮，埋入地下 20 cm），样方所代表的植被类型原则上应与样地一致。如果不一致，则按西角（向北 2 m）、北角（向东 2 m）、东角（向南 2 m）的顺序设置植被调查样方。

在样方内调查以下因子：

下木（胸径＜5 cm、高度≥2 m 的幼树）的树种名称、高度、胸径，按树种调查记载。

灌木（含高度＜2 m 的幼树）的主要种名称、株数、平均高、平均地径、盖度，按主要灌木种记载。

草本的主要种名称、平均高、盖度，按主要草本种记载。

下木调查结果记载到“下木调查记录”，灌木、草本调查结果记载到“植被调查记录”。当灌木层和草本层不是由单一种类组成时，第一行应记载样方的整体状况，名称栏按“合计”记载，然后依次记载需要识别的种类，其余未规定识别的种类可一并调查，记载为“其他”。对样方内的珍稀物种和具有较大开发利用价值的物种应记载到“样地情况说明”。

样地调查结果包括白桦、暴马丁香、波纹柳、蚕柞、茶藨子、赤松、稠李、丛桦、大青杨、杜鹃、椴树、枫桦、黑桦、红松、胡桃楸、花楷槭、桦木、黄波罗、假色槭、糠椴、阔叶混、冷杉、李、栎灌、栎类（柞）、柳灌、柳树、落叶松、毛赤杨（水冬瓜赤杨）、蒙古栎（柞树）、平原杨、苹果、其他亚乔木、其他灌木（榛子、沙棘、刺五加）、其他果树类、其他经济类、其他软阔类（其他、亚乔木）、其他食用原料类、其他硬阔类、槭树（白牛槭、色木槭、拧筋槭）、青楷槭、忍冬、山丁子、山槐、山桃稠李、山杨、水曲柳、桃、兴安柳、兴安鼠李、杏、绣线菊、杨树、榆树、岳桦、云杉、樟子松、沼柳、针阔混、针叶混、珍珠梅、紫椴、紫杉（红豆杉）、钻天柳（红毛柳）等。

（2）遥感解译

根据遥感影像解译结果统计植被数据，对项目区内植被覆盖进行分析，区域植被共分为阔叶林、针叶林、针阔混交林、灌木林、草原、草甸、草丛、湿地 8 类，项目区内三江平原以农业种植为主，植被类型主要为草甸、草地，小兴安岭以针叶、阔叶林为主，具体植被分布详见图 5-1。

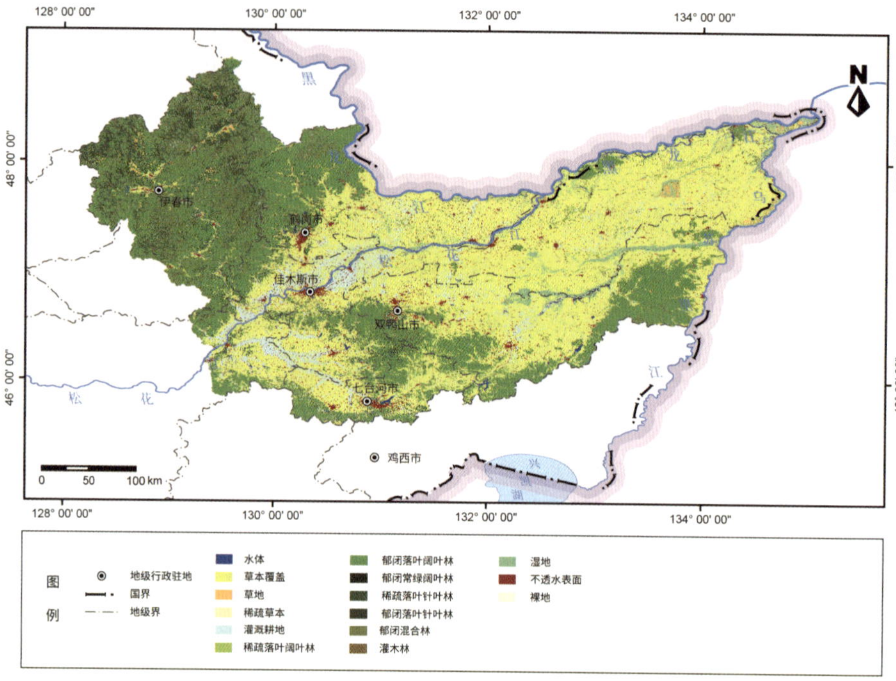

图 5-1 项目区植被类型

解译数据表明，项目区内植被面积 48 905.67 km^2，植被覆盖率为 49.10%。项目区以阔叶林为主要植被类型，占区域植被总面积的 54.28%，广泛分布于项目区，主要集中在区域内小兴安岭中部、南部完达山水系以及区域东部。其次为针叶林，占区域植被总面积的 16.99%，其中落叶针叶林占 14.45%，主要零散分布于小兴安岭北坡和西坡；常绿针叶林占 2.53%，主要分布于完达山东南部。针阔混交林占区域植被总面积的 13.63%，主要分布于小兴安岭南坡。湿地植被占区域植被总面积的 12.28%，其中草本湿地是湿地的主要植被类型，占区域植被总面积的 11.67%，主要分布于松花江、挠力河沿岸，七星河湿地公园等；森林湿地占 0.08%，分布于小兴安岭北部阔叶林河流两岸；灌丛湿地占 0.53%，零散分布于区域内松花江中游段河岸。草原、草甸和草丛占区域植被面积较小，不足 3%。

5.3.2 水文过程对不同土地覆被类型变化的响应

土地覆被变化是影响水文水资源发展态势的主要因素之一，直接体现了人类活动的影响水平。其对水文过程的影响主要表现在水质水量、径流流量等方面，最终结果直接导致区域水文循环过程发生变化，从而对流域生态环境和社会经济发展等方面产生显著的影响。区域的水文过程和水资源对土地覆被变化的响应主要表现在两个方面：

（1）对区域蒸散发的影响。土地覆被变化对区域的蒸散发量影响极大。由于不同类型的土地覆被具有不同的植被、叶面积指数、反照率及根系深度等，因而具有不同的蒸散发速率。当区域的土地覆被类型发生变化之后，其蒸散发能力也相应发生变化。

（2）对区域产汇流过程的影响。不同的土地覆被状况，其土壤的疏松程度、物理结构、孔隙度和透水性能等参数不同，从而导致土壤的蓄水、保水能力也有所不同。土地覆被变化不仅影响截留、蒸发、下渗、填洼等水文过程，也影响出水口断面的流量形成过程，继而改变区域的产汇流过程。例如，对于地表径流来讲，乔木林地类型对径流具有调节洪峰流量、削减洪峰、增补枯水期径流量的作用，对年径流的影响受多种因素制约，主要表现在对降水量的再次分配方面。乔木林地通过增加调节分配和增加径流的年径流量，来实现对径流蓄水能力的调节。当枯水期来临时，如果河流上游的地下水位高于地表水位，乔木林地会将其所蓄含的水量及时补给河流。而河段中游的地下水与地表水可相互补充，当丰水期地表水位高于地下水位时，地表水可对地下水进行补充，当枯水期来临时，地下水又可对地表水进行补给，调节河道径流量。与乔木林地类似，灌木草地也通过蓄含降水，对径流有着调节作用。对于河流中上游，灌木草地可增加降雨的入渗量，增加河流枯水期的地表径流量，对于减少土壤侵蚀、洪峰流量和增加河流的基流量有着重要的影响；对于河流下游地区，草地起着减少河流年径流量的作用。而耕地类型一方面会使得降水入渗量对地下水的补给减少，而增大地表径流流量，从而导致水旱灾害频繁发生。另一方面，耕地数量的增加会加大该地区对水资源的需求量，大量的耕地会使地表水和地下水的开采使用量增加，会引起河流流量减少，地下水水位降低等水资源问题。

因此，笔者首先分析了研究时段内项目区多年土地覆被类型的组成及其变化特征，并以研究时段起始（2001 年）和终止（2016 年）对两期土地覆被的空间分布特征进行了综合对比，以对造成这些变化差异的下垫面因素变化特征建立基本的认识。针对区域内几类土地覆被类型，依据冉有华等（2009）的方法，将土地覆被进行了重新分类。重新分类后主要包括七大类型：乔木林地、灌木草地、耕地、裸地冰川、建设用地、湿地和水体（其中由于湿地和裸地冰川面积占比及变化较小，可排除在外）。结果分别如图 5-2 所示。可以看到，项目区内水体和建筑用地共同所占比例为整个项目区的 1%～2%，因此，为了更好地表明项目区水文过程对不同土地覆被类型变化的响应，下文主要探究项目区水文过程对耕地、乔木林地和灌木草地 3 种主要土地覆被类型变化的响应。

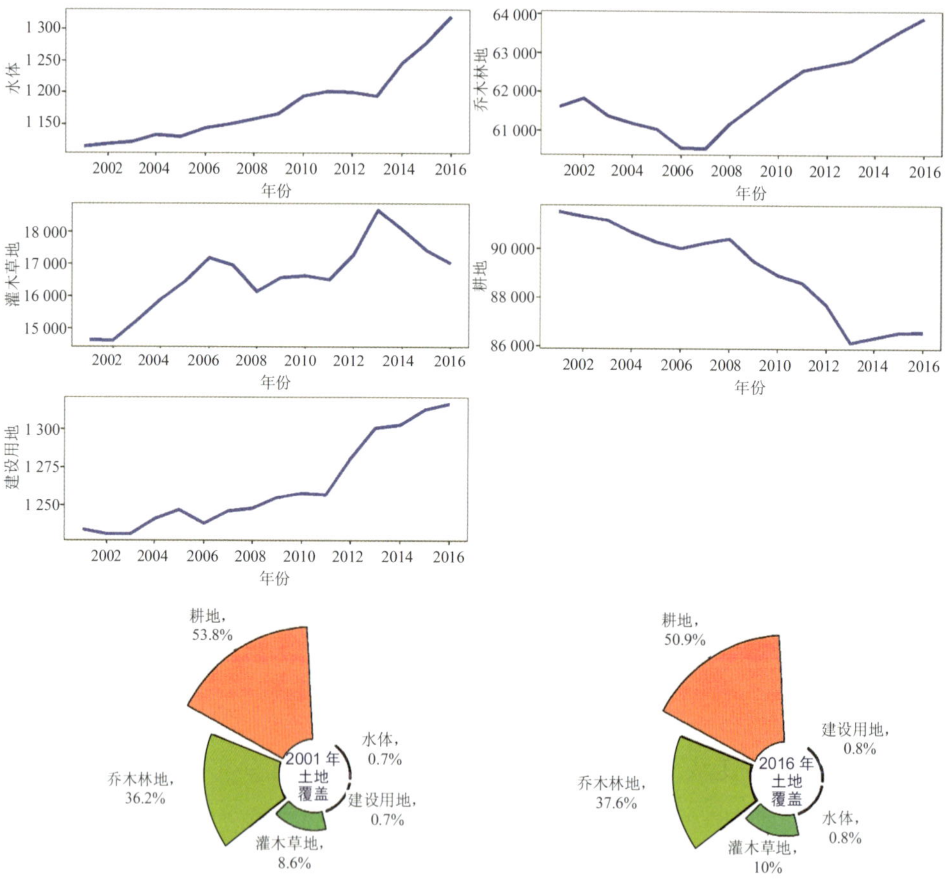

图 5-2　项目区 2001—2016 年主要土地覆盖类型面积及其占比变化

项目区土地覆盖类型以耕地、乔木林地和灌木草地三大类型为主，三者总面积占项目区总面积的98%以上，且其变化相较其他类型土地覆盖也较为显著。2001—2016年，各类型土地覆盖的变化特征不一，但2006—2007年是一个较明显的项目区各土地覆盖类型变化转折时期。其中，乔木林地面积呈现在2006—2007年之前逐渐减少，而在2006—2007年之后快速增加的变化特征；耕地面积变化则由2006—2007年之前的缓慢减少到2006—2007年之后加速减少的变化特征，灌木草地则由2006—2007年之前的逐渐增加到2006—2007年之后保持波动的变化特征。其他类型土地覆盖如水体和城镇用地面积以持续增加为主要变化特征，但变化的大小和幅度相较耕地、乔木林地和灌木草地来说较小。因此综合来看，耕地、乔木林地和灌木草地3类土地覆盖类型间的相互转化主导了项目区的土地覆盖变化特征。

为了明确不同土地覆被类型变化而对各水文分量时空变化产生的影响，本研究进一步从土地覆被类型变化导致的水文过程分量时空变化差异的情景入手，从栅格尺度各土地覆被类型年际变率（IAV）的相对贡献率的角度出发，通过对Constant情景和Dynamic情景下水文分量IAV进行检测和归因分析，分析了项目区栅格尺度各水文分量的主要驱动因素，以明确水文过程对不同土地覆被类型变化的响应机制。其中，本研究对土地覆被类型变化的考虑主要涉及区域内土地覆被类型的面积和空间分布。通过Dynamic和Constant两种情景下各水文过程分量在栅格尺度上的IAV贡献率差异，反映土地覆被类型变化导致的水文过程分量时空变化差异，以明确水文过程对土地覆被类型变化的响应。统计的各土地覆被类型对各水文过程分量IAV的相对贡献率，结果如图5-3所示。

图5-4表示为在Dynamic和Constant两种情景下，项目区主要的3类土地覆被类型，对12种水文分量在栅格尺度上的年际变率贡献率百分比。

（1）对于Constant和Dynamic两种情景，在项目区气候变化的大背景下，12种水文分量的变化依据其主要驱动下垫面因素的差异划分，可以分为两类，即以耕地类型主导的和以乔木林地类型主导的。具体到每个水文分量，不同下垫面类型要素的影响程度也不同，例如，对于蒸散发通量中的实际蒸散发（AET）和作物蒸腾蒸发量（ETC），耕地类型是对其影响最大的土地覆被类型，贡献率分别约为57%和64%，而对于潜在蒸发量（PET），乔木林地类型的影响比重更大，约为49%；对于产流通量，乔木林地类型是影响SurfRunoff和Interflow变化的主导土地覆被类型，其贡献率分别约为 50%和 87%，而耕地类型则是影响 Baseflow 和 GWR 变化的主导土地覆被类型，其贡献率分别约为 61%和 59%。

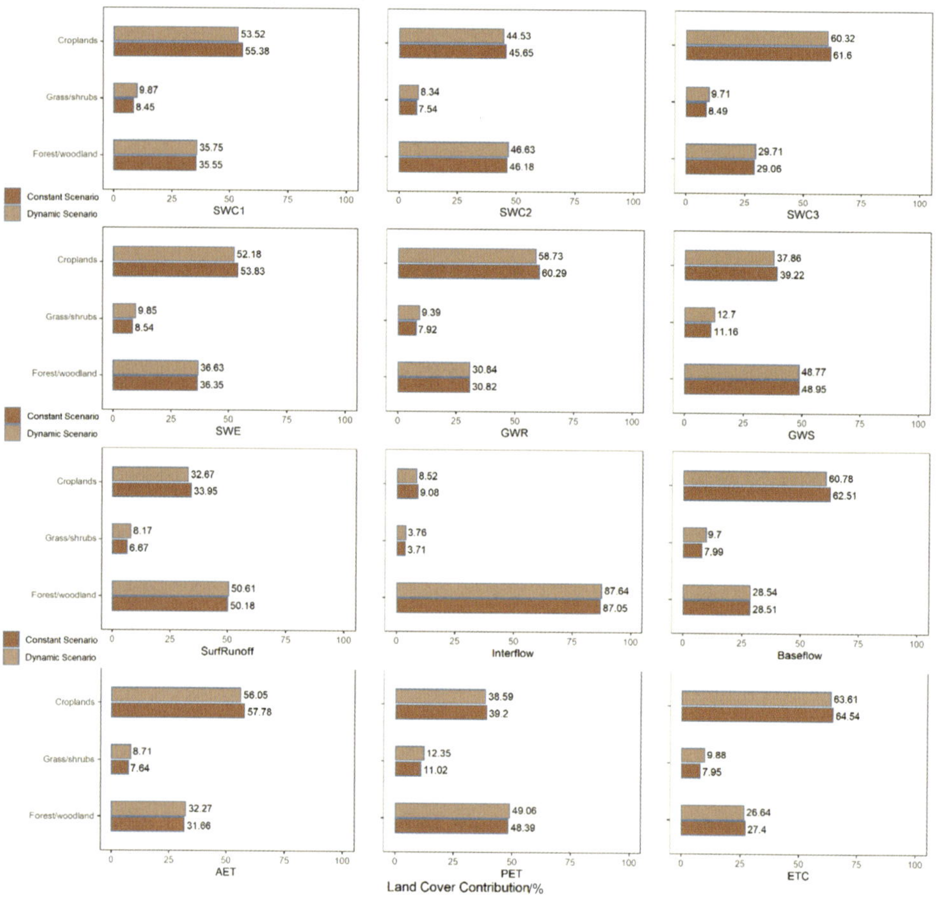

图 5-3 在 Dynamic 和 Constant 两种情景下项目区土地覆被类型对 12 种水文分量在栅格尺度上的年际变率贡献率

对于陆地水储量分量来说，其中对于三层土壤含水量，耕地类型是 SWC1 和 SWC3 变化的主导土地覆被类型，其贡献率分别约为 54%和 61%，而乔木林地类型对 SWC2 的变化影响更大，其贡献率约为 46%；对于雪水当量 SWE，耕地类型是主导其变化的主要土地覆被类型，其贡献率约为 53%；而对于地下水储量 GWS 的变化，其受乔木林地类型要素变化的影响较大，贡献率约为 48%。

（2）相较于使用固定的土地覆盖（2001 年）来驱动 ESSI-3 模型的 Constant 情景，以动态的土地覆盖驱动模型的 Dynamic 情景，可以看作对气候要素和下垫面变化综合作用下的项目区实际水文过程的模拟。因此，对比 12 种水文分量在栅格尺度上的 IAV 贡献率百分比在 Constant 情景和 Dynamic 情景下的差异，可以明确在气候变化的大背景下，本项目区水文过程对土地覆被类型变化的响应机制。

结果表明，在本项目区范围内，随着土地覆被类型时空格局的改变，不同水文分量对这种土地覆被类型时空格局改变的响应程度也不同。总体来说，耕地类型对 12 种水文分量在栅格尺度上的 IAV 贡献率主要呈现下降状态，而乔木林地类型和灌木草地类型对 12 种水文分量的 IAV 贡献率呈现上升状态。

对于耕地的时空分布格局变化造成的水文过程响应变化，具体到每个分量可以看到，对于蒸散发通量，虽然耕地对 ETC 的相对贡献率（64%）大于 AET（57%）和 PET（39%），但是耕地的时空分布格局变化对 AET 的影响最大，其贡献率由 57.78%变化为 56.05%，减少了 1.73%，其次分别为 ETC 和 PET，贡献率变化量分别为−0.94%和−0.61%；对于产流通量，耕地对 Baseflow 的相对贡献率（61%）大于 GWR（59%）、SurfRunoff（33%）和 Interflow（9%），而耕地的时空分布格局变化对 Baseflow 的影响也是最大，其次分别为 GWR、SurfRunoff 和 Interflow，贡献率变化量分别为−1.73%、−1.55%、−1.27%和−0.56%；对于水储量分量，耕地虽然对 SWC3 的相对贡献率（61%）大于 SWC1（54%）、SWE（53%）、SWC2（45%）和 GWS（38%），但是耕地的时空分布格局变化对 SWC1 的影响却是最大的，其次分别为 SWE、GWS、SWC3 和 SWC2，贡献率变化量分别为 1.86%、−1.66%、−1.37%、−1.28%和−1.12%。

乔木林地的时空分布格局变化造成的水文过程响应变化，对于蒸散发通量，虽然乔木林地对 PET 的相对贡献率（49%）大于 AET（32%）和 ETC（27%），但是乔木林地的时空分布格局变化对 ETC 的影响最大，其次分别为 PET 和 AET，贡献率变化量分别为−0.76%、0.67%和 0.6%；对于产流通量，乔木林地对 Interflow 的相对贡献率（87%）大于 SurfRunoff（50%）、GWR（31%）和 Baseflow（28%），而乔木林地的时空分布格局变化对 Interflow 的影响也是最大的，其次分别为 SurfRunoff、Baseflow 和 GWR，贡献率变化量分别为 0.59%、0.43%、0.03%和 0.02%；对于水储量分量，乔木林地对 GWS 的相对贡献率（49%）大于 SWC2（46%）、

SWE（37%）、SWC1（35%）和 SWC3（29%），但是乔木林地的时空分布格局变化对 SWC3 的影响却是最大的，其次分别为 SWC2、SWE、SWC1 和 GWS，贡献率变化量分别为 0.65%、0.46%、0.28%、0.20%和−0.18%。

灌木草地的时空分布格局变化造成的水文过程响应变化，对于蒸散发通量，虽然灌木草地对 PET 的相对贡献率（12%）大于 ETC（9%）和 AET（8%），但是灌木草地的时空分布格局变化对 ETC 的影响最大，其次分别为 PET 和 AET，贡献率变化量分别为 1.93%、1.33%和 1.08%；对于产流通量，灌木草地对 Baseflow 的相对贡献率（9%）大于 GWR（8%）、SurfRunoff（7%）和 Interflow（4%），而灌木草地的时空分布格局变化对 Baseflow 的影响也最大，其次分别为 SurfRunoff、GWR 和 Interflow，贡献率变化量分别为 1.71%、1.51%、1.46%和 0.05%；对于水储量分量，灌木草地虽然对 GWS 的相对贡献率（12%）大于 SWE、SWC3、SWC1 和 SWC2，但是灌木草地的时空分布格局变化对 GWS 的影响却是最大的，其次分别为 SWC1、SWE、SWC3 和 SWC2，贡献率变化量分别为 1.55%、1.43%、1.31%、1.23%和 0.81%。

此外，需要注意的是，虽然乔木林地面积（约 37%）占项目区总面积的比重远大于灌木草地（9%），且乔木林地类型和灌木草地类型对 12 种水文分量的 IAV 贡献率比重均主要呈现上升状态，但是，12 种水文分量的 IAV 贡献率增长主要发生在灌木草地类型上，即在本项目区气候变化的背景下，水文分量变化对灌木草地时空格局改变的响应比乔木林地更为敏感。

5.3.3 变化环境背景下区域植被变化

植被是连接土壤、大气和水分等要素的自然纽带，它能够影响地气系统的能量平衡，在气候、水文和生化循环中起着重要作用，是气候和人类活动对自然环境影响的客观反映。植被叶面积指数是表征冠层结构，定量反映植被生长状况的指标，影响植被光合、呼吸、蒸腾、降水截留、能量交换等诸多生态过程，叶面积指数（LAI）的变化在一定程度上能代表地表植被覆盖的变化。将 LAI 应用在植被监测、生物量估算、区域蒸散量估算、土壤水分状态分析、气候变化对植被的影响分析等方面的研究是当前的科学热点。

全球变化、气候模拟等研究迫切需要长时间序列的区域或全球尺度的多时相

LAI 产品。随着遥感技术的迅速发展及其与地理信息系统技术的结合，为大范围、连续监测区域植被覆盖变化提供了技术支持，多时相的遥感数据记录了植被状况的变化历程。遥感反演逐渐成为获取大面积 LAI 的重要途径。目前，利用不同卫星遥感数据和不同的反演方法，已经生成了多种全球 LAI 产品，GLASS LAI 是其中时空分辨率较高的一种，它的遥感数据来源 AVHRR 也是当前最常用的一种遥感数据。

GLASS LAI 是由北京师范大学全球变化处理与分析中心发布的全球 2001—2018 年的 LAI 产品，其时间分辨率是 8 d，2001—2016 年的 GLASS LAI 是基于 MODIS 地表反射率数据（MOD09A1）反演得到的，空间分辨率为 1 km。GLASS LAI 的反演选取 BELMANIP 全球范围不同植被类型的 402 个地面验证站点 2001—2004 年预处理后的 MODIS 地表反射率数据和 MODIS 与 CYCLOPES LAI 产品融合后的 LAI 数据，构造的训练数据集，输入 AVHRR 或 MODIS 地表反射率数据，采用多输入—多输出的广义回归神经网络 GRNN 反演得到 LAI。在与 MODIS LAI 融合前，CYCLOPES 有效 LAI 先转化为真实 LAI，所以反演得到的 GLASS LAI 是真实 LAI。

小兴安岭-三江平原区域 2001—2018 年年际平均 LAI 的变化特征空间分布结果主要包括其多年平均结果、变化趋势的显著性水平、年际变化趋势坡度及其显著性的空间叠加结果（图 5-4）。小兴安岭-三江平原区域在 2001—2016 年大部分

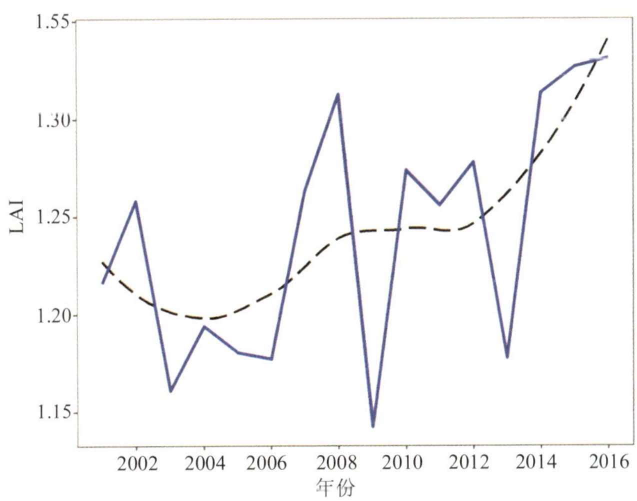

图 5-4　2001—2018 年兴安岭-三江平原区域 LAI 年际变化

区域的 LAI 呈增加态势，其中有 28.15%的区域 LAI 呈显著性增加态势，3.45%的区域 LAI 呈显著性减少态势，20.11%的区域 LAI 呈不显著性减少态势，48.28%的区域 LAI 呈不显著性增加态势。此外，可以看到在小兴安岭屏障、松花江水土防控带、完达山屏障区域范围内 LAI 主要呈现显著性增加和不显著性增加的态势。

表 5-1 为 LAI 与气象、土地覆被因子间的相关系数 R 统计结果，正值表示 LAI 与因子呈正相关关系，负值表示 LAI 与因子呈负相关关系。通过气象因子可以看到，LAI 与降水、气压、相对湿度呈正相关关系，但关系不显著；LAI 与平均气温和平均风速呈负相关关系，但关系不显著。该结果表明在 2001—2016 年，植被的增加导致降水的增加和气温的降低等，植被的减少导致降水的减少和气温的升高等，或者降水的增加、气温的降低等导致植被的增加，降水的减少和气温的升高等导致植被的减少，即无论是降水、气温等变化影响植被变化，抑或植被变化导致降水、气温等变化，这种植被变化和气候变化的相互作用过程导致区域植被覆盖的改变。通过土地覆被类型因子可以看到，LAI 与乔木林地面积变化呈显著正相关关系，与灌木草地面积变化呈现不显著正相关关系，与耕地面积变化呈不显著负相关关系，表明在 2001—2016 年 LAI 变化和乔木林地面积变化存在更加紧密的联系，乔木林地面积增加导致了 LAI 的增大。

表 5-1 LAI 与气象、土地覆被因子间的相关分析

变量	LAI
平均气温	−0.333
降水	0.116
气压	0.418
相对湿度	0.072
平均风速	−0.264
乔木林地	0.577*
灌木草地	0.205
耕地	−0.463

注：*表示在 0.05 水平上显著相关。

5.4 区域生态服务功能重要性评估

5.4.1 评价方法

植被净初级生产力是绿色植被通过光合作用所积累的碳总量，是陆地生态系统持续健康发展的能量基础，它直接或间接地支持着多种生命体的生存与多样性、维持着各种生态过程的有效运转和生态系统服务的生产。因此，净初级生产量（NPP）作为生态系统所获取的太阳能的度量，驱动着生态系统功能的发挥，支持着诸多生态系统服务的生产过程。因此，利用遥感植被指数与环境变量因子构建的 NPP 数据是评估大尺度生态状况的关键指标。

本研究通过对 1 km 的年 NPP 产品（MOD17A3）数据进行投影转换、重采样、数据格式转换、影像裁剪与拼接等预处理，得到项目区 MODIS NPP 2000—2016 年数据集。利用 NPP 与环境变量因子建立的因果关系法评估模型，作为综合替代指标来进行项目区生态系统服务重要性和生态敏感性评价。其中生态系统服务重要性评价主要包括水土保持、水源涵养和生物多样性保护 3 种生态系统服务重要性评价，其中水土保持和水源涵养的生态系统服务重要性评价结果使用自然断点法对其进行 5 级分类，将其重要性由低到高依次划分为 5 个重要性级别，即一般重要、较重要、中等重要、高度重要、极重要；以同样方法将水土流失敏感性评价结果划分为不敏感、较敏感、中等敏感、高度敏感和极敏感 5 个等级。将生态系统服务评价中重要等级结果与敏感性评价的敏感等级进行叠加处理后，得到区域总生态系统服务评估结果。

表 5-2 生态系统服务重要性评价和生态敏感性评价方法

评价类型	计算公式	参数
水土保持重要性	$NPP_{mean} \times (1-K) \times (1-F_{slo})$	NPP_{mean} 为 2000—2016 年多年平均植被净初级生产力，K 为土壤可蚀性，F_{slo} 为坡度，F_{sic} 为土壤渗流，F_{pre} 为降水量
水源涵养重要性	$NPP_{mean} \times F_{sic} \times F_{pre} \times (1-F_{slo})$	

评价类型	计算公式	参数
水土流失敏感性	$SS_i = \sqrt[4]{R_i \times K_i \times LS_i \times C_i}$	SS_i为i空间单元水土失敏感性指数，评价因子包括降雨侵蚀力（R_i）、土壤可蚀性（K_i）、坡长坡度（LS_i）、地表植被覆盖（C_i）

小兴安岭-三江平原区域2001—2016年NPP的变化特征空间分布结果主要包括NPP 2001—2016年平均结果、变化趋势的显著性水平、年际变化趋势坡度及其变化显著性的空间叠加结果。可以看出，小兴安岭-三江平原区域在2001—2016年，大部分区域的NPP呈增加态势，其中有23.13%的区域NPP呈显著性增加态势，有63.69%的区域NPP呈不显著性增加态势，仅有1.06%的区域NPP处于显著性减少趋势，而有12.13%的区域NPP呈不显著性减少态势。此外，可以看到在小兴安岭屏障、松花江水土防控带、完达山屏障区域范围内NPP主要呈现显著性增加和不显著性增加的态势，而不显著性减少和显著性减少区域主要集中在三江湿地保护区。

5.4.2 水源涵养功能重要性评价

水源涵养是生态系统（如森林、草地等）通过其特有的结构与水相互作用，对降水进行截留、渗透、蓄积，并通过蒸散发实现对水流、水循环的调控，主要表现在缓和地表径流、补充地下水、减缓河流流量的季节波动、滞洪补枯、保证水质等方面。水源涵养量是评价生态系统水源涵养功能的重要指标。

项目区水源涵养服务功能一般重要区域面积为11 833.91 km^2，占小兴安岭-三江平原区域总面积的11.88%；水源涵养服务功能中等重要区域面积为11 865.58 km^2，占小兴安岭-三江平原区域总面积的11.91%；水源涵养服务功能重要区域面积为12 401.63 km^2，占小兴安岭-三江平原区域总面积的12.45%；水源涵养服务功能极重要区域面积为12 116.50 km^2，占小兴安岭-三江平原区域总面积的12.16%。小兴安岭-三江平原水源涵养服务功能重要及以上区域占区域总面积的24.61%，主要分布于小兴安岭以及完达山、东部饶河一带。

5.4.3 水土保持功能重要性评价

水土保持是生态系统（如森林、草地等）通过其结构与过程减少由于水蚀所导致的土壤侵蚀的作用，是生态系统提供的重要调节服务之一。水土保持功能主要与气候、土壤、地形和植被有关。以土壤保持量（潜在土壤侵蚀量与实际土壤侵蚀量的差值）作为生态系统水土保持功能的评价指标。

项目区水土保持功能一般重要区域面积为 21 522.01 km^2，占小兴安岭-三江平原区域总面积的 21.60%；水土保持功能中等重要区域面积为 30 045.39 km^2，占小兴安岭-三江平原区域总面积的 30.16%；水土保持功能高度重要区域面积为 24 938.36 km^2，占小兴安岭-三江平原区域总面积的 25.03%；水土保持功能极重要区域面积为 23 123.24 km^2，占小兴安岭-三江平原区域总面积的 23.21%。

小兴安岭-三江平原水土保持功能较重要及以上区域主要集中在小兴安岭、完达山脉一带。

5.4.4 生物多样性保护功能重要性评价

生物多样性保护功能是生态系统（如森林、草地、湿地、荒漠等）在维持基因、物种等生态系统多样性方面发挥的作用，是生态系统提供的最主要功能之一。生物多样性保护功能与珍稀濒危和特有动植物的分布丰富程度密切相关，主要以国家一、二级保护物种和其他具有重要保护价值的物种作为生物多样性保护功能的评价指标。以国家一、二级保护物种和其他具有重要保护价值的物种为保护目标，全面收集区域动植物多样性和环境资源数据，建立物种分布数据库。根据关键物种分布点的环境信息和背景信息，应用物种分布模型（Species Distribution Models，SDMs）量化物种对环境的依赖关系，从而预测任一点物种分布的概率，结合关键物种的实际分布范围最终形成生物多样性保护功能重要性评价图。

小兴安岭-三江平原生物多样性保护功能重要性评价分为一般重要、重要和极重要三级。其中生物多样性保护一般重要区域面积为 52 303.52 km^2，占项目区总面积的 52.50%；生物多样性保护重要区域面积为 28 326.21 km^2，占项目区总面积的 28.43%；生物多样性保护极重要区域面积为 18 999.28 km^2，占项目区总面积的 19.07%。

项目区生物多样性保护极重要区域主要分布于三江平原东部饶河县、宝清县、勃利县南部，以及小兴安岭中南部的伊春市辖区等区域；生物多样性保护重要区域主要分布于小兴安岭和完达山脉，部分分布于抚远、同江的北部；生物多样性保护一般重要区域主要分布于三江平原中部佳木斯市、鹤岗南部、东南部。

第6章

工作基础及主要问题识别

6.1 生态保护修复工作基础

黑龙江省委、省政府高度重视生态环境保护工作。2001 年，省委、省政府作出生态省建设的重大战略决策，成立了黑龙江省生态省建设领导小组。2003 年出台《黑龙江省湿地保护条例》，成为全国第一部保护湿地资源的地方性法规。2018 年 9 月，《中共黑龙江省委　黑龙江省人民政府关于全面加强生态环境保护坚决打好污染防治攻坚战的实施意见》中明确规定要统筹山水林田湖草治理，加快构建生态安全体系，提升生态系统质量和稳定性，坚决守护好大森林、大湿地、大湖泊、大草原、大界江、大冰雪等原生态宝贵资源。

“十二五”时期以来，黑龙江启动实施平原绿化、湿地保护、水土流失治理、草原恢复、矿山环境治理和松花江水污染防治等重点工程。截至 2017 年年底，共建立各种类型、不同级别的自然保护区 250 个，其中国家级 48 个、省级 76 个、市级 55 个、县级 71 个，总面积达 793.7 万 hm^2。自然保护区总面积占全省土地面积的 16.78%，国家级自然保护区数量列全国第一位。

小兴安岭-三江平原区域各市县政府高度重视生态环境保护工作，将生态保护纳入了经济社会发展全局，切实加强领导、加大投入、强化措施、狠抓落实，生态保护工作取得阶段性成果。试点区域的生态文明建设为小兴安岭-三江平原地区山水林田湖草生态保护修复工程顺利实施提供了强有力的支持和坚实的基础。

（1）坚持绿色化发展，转型效果初显

试点区域依托并充分发挥生态资源优势，大力发展生态主导型、生态反哺型经济，加快推进林业资源型城市经济转型，规划出了森林、湿地生态旅游业，森林生态食品业，对俄林业合作等多业并举的产业发展新格局。在招商引资上项目时，不断提高项目准入门槛，坚决摒弃破坏生态的项目，大力推进节能减排项目，明确提出了项目建设的“三个坚决不上”，即污染环境的坚决不上、破坏资源和生态的坚决不上、高耗能源资源的坚决不上。全区通过绿色发展，第一、第三产业加快发展，比重明显提升，第二产业结构发生新的变化。

（2）努力实施森林资源管护，森林综合效益日益增强

近年来，试点区域紧紧抓住《大小兴安岭林区生态保护与经济转型规划

（2010—2020 年）》、二期“天保工程”实施以及《国有林区改革指导意见》等一系列的重要战略机遇，2011 年伊春市在全国重点国有林区率先全面停止了森林主伐，2013 年又全面停止了森林商业性采伐。按照近自然林业理论，坚持天然更新与人工促进天然更新相结合，加大珍贵树种和针阔混交林营造比例，科学经营森林，促进森林生态系统恢复。同时，推进林场撤并和生态移民，至 2020 年，已完成了 55 个林场的整合撤并，搬迁居民 14 141 万户、3.5 万余人。全区重点实施国有天然林资源保护工程、自然保护区建设工程、重点生态公益林工程、采育林建设工程、防护林体系建设五大工程，仅伊春市的活立木总蓄积可达 2.92 亿 m^3，每年林木年净增长量达 1 000 万 m^3 以上，森林覆被率达 84.4%；连续数年实现了森林蓄积量和森林覆被率的“双增长”，被授予国家首批生态文明建设先行示范区。

（3）不断强化矿区植被恢复，生态恢复效果明显

试点区域内的各地市县坚持矿产开发和生态保护并重的原则，积极推进绿色矿山建设。建立矿山环境监督、检查制度和矿山环境治理、生态恢复责任机制，严格履行矿山地质环境治理恢复保证金和土地复垦费制度，坚决关闭破坏生态环境的矿山。相继开展矿山环境恢复治理项目和地质灾害工程治理项目，累计投入资金约 15 亿元，重点实施了双鸭山、七台河、鹤岗矿山环境治理等工矿地质环境治理工程，使采矿活动占压、破坏土地面积明显减小，废水、废液基本达到循环利用或排放标准，矿山环境治理已取得初步成效。

（4）积极推进生态清洁小流域建设，水土资源得到有效保护

黑龙江省相继出台了《黑龙江省水土保持条例》《黑龙江省水土保持补偿费征收使用管理实施办法》，省政府批复了《黑龙江省水土保持规划（2015—2030 年）》，水土保持法规制度和规划体系不断完善。近年来，全区积极争取资金，大力开展坡耕地、小流域和侵蚀沟等治理工程，治理步伐不断加快，形成了分区防治战略，治理模式和技术路线基本成熟，水土流失综合防治体系逐步完善，水土保持监督管理能力不断增强，人为水土流失得到初步遏制，水土资源得到有效保护。2016 年，试点区域完成水土流失综合治理面积超过 1 000 km^2，水土流失状况有所缓解。在重要水源区和城镇周边区，积极推进生态清洁小流域建设，水土资源得到有效保护。

（5）进一步加强保护区建设，部分珍稀物种种群数量下降趋势减缓

截至2017年年底，试点区域以“绿盾2017”专项行动为契机，充分利用卫星、遥感、无人机等技术，全面摸清保护区现状和建设管理动态，精准排查保护区内采矿、旅游、水电开发等破坏生态环境的违法违规问题，有效保护了以红松为主的温带针阔叶混交林、湿地生态系统，以及东北虎、马鹿、中华秋沙鸭、东方白鹳、东北黑蜂蜂种、东北红豆杉等珍稀动植物及其生境条件。

（6）全力推进水污染防治，水环境质量进一步提升

小兴安岭-三江平原山水林田湖草生态保护修复工程试点区域根据《水污染防治行动计划》和《黑龙江省水污染防治工作方案》的要求，坚决贯彻落实让江河湖泊休养生息的重大决策部署，全面落实流域水污染防治各项任务措施，开展工业点源、城镇生活源、农业源治理以及水源地管理、区域水环境综合整治等规划项目建设。“十二五”期间，试点区域内松花江流域重点支流水质明显改善，黑龙江、乌苏里江的水环境、生态环境保护与治理取得一定成效。

（7）强化机制保障，生态环境监管体制改革稳步推进

试点区域以中央生态环境保护督察反馈意见为契机，初步建立形成体系全面、要求严格、保障有力的生态环境保护综合框架。考核评价机制上，将生态建设和环境保护指标纳入地市经济社会发展主要责任指标考核评价体系，考评结果作为评价市（地）领导班子及领导干部政绩的重要依据。实施机制上，建立环境形势分析会机制，实施交界断面水质监测、考核机制，形成农村治污、城区治污、清洁乡村、责任追究、网格管理等全体系的政策保障。生态补偿机制上，按照“谁保护、谁受益，谁污染、谁补偿”原则，逐步探索开展跨界水环境生态补偿试点，建立以政府为主导的松花江流域水质生态补偿机制。

6.2 生态环境面临的主要问题

（1）人为干扰强度剧烈，湿地面积萎缩

三江平原湿地是世界三大湿地之一，生态系统类型多样，对我国及周边地区和国家生态环境建设具有重要意义，但是经过半个多世纪的开发，湿地面积不断萎缩，湿地功能和生态环境日益恶化。调查统计，三江平原湿地面积由新中国成

立初期的 443 万 hm^2 缩减到目前的 91 万 hm^2。1954—2015 年，三江平原景观格局发生了根本性的变化，景观格局由新中国成立初期以沼泽湿地为主体的土地利用景观格局转变为如今以耕地为主体的土地利用景观格局。

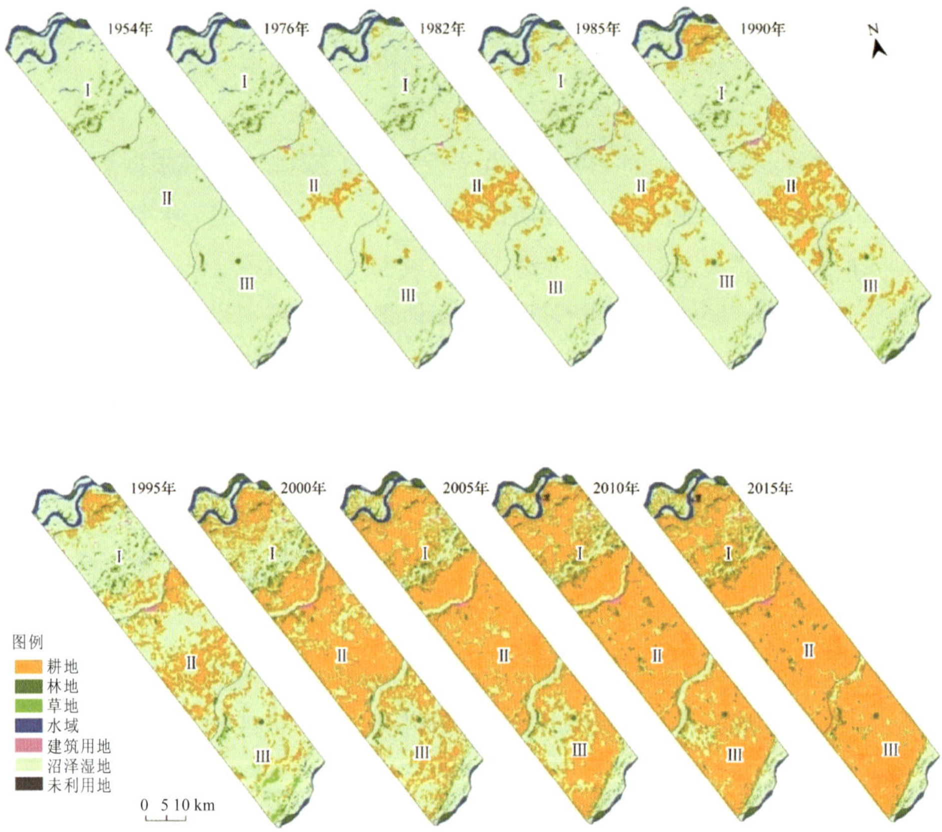

图 6-1　三江平原典型样带内 1954—2015 年土地利用/覆被的空间格局（金晓敏等，2017）

（2）森林蓄积量锐减、质量下降，生态屏障功能减弱

小兴安岭-三江平原山水林田湖草生态保护修复工程试点区域内小兴安岭区域是我国重要的森林资源基地，也是我国重点用材林基地，红松蓄积量 4 300 多万 m^3，占全国红松总蓄积量的一半以上，素有“红松故乡”之美称，建有世界上占地面积最大的林业城市——伊春市。但经过六七十年的全面开发，森林蓄积和可采成、过熟林蓄积量分别下降了 55%和 98%。又如，三江平原森林经过几次大

规模的采伐，森林覆盖率由 15%下降到不足 3%。大量的木材生产导致林分质量下降，森林资源急剧减少，森林生态系统涵养水源、保持水土的功能大幅削弱。

（3）生境变迁和破碎化，生物多样性减小

受人为因素和自然因素影响，区域资源过度开发，局部森林、湿地生态系统遭到破坏，并且由此带来水土流失加剧、地下水位下降、水污染等环境问题，珍稀动植物的生境条件发生巨大变化，种群的繁衍受到抑制，水灾、火灾、虫灾、旱灾时有发生，进而导致植物优势物种分布区缩小，蕴藏量减少，加速了珍稀濒危物种的灭绝，如麻冠鸭和朱鹮在三江平原灭绝，野大豆、丹顶鹤和东方白鹳等数量减少。

（4）草场面积急剧减小，质量退化

三江平原历史上曾是蒿草丰盛、水土肥美的草原森林地带。新中国成立初期草原面积为 8 118 km^2，1983 年减少至 6 666 km^2，1997 年为 4 040 km^2，2015 年仅为 420 km^2，主要分布于抚远一带，其他零星分布各地。除面积减小外，单位面积的产草量也不断降低。新中国成立初期的亩产可达 160 kg，20 世纪 70 年代降至亩产 100 kg，目前亩产 60 kg 左右，低产地块更甚，亩产仅为 25～35 kg。

（5）历史遗留废弃矿山较多，生态破坏加剧

在小兴安岭东侧、三江平原至老爷岭与完达山的交会地带，形成了黑龙江“四大煤城”，同时还分布着其他矿产资源，如乌拉嘎金矿。目前废弃无主矿山数量较多，矿山开采历史较长，部分始于新中国成立前和计划经济时期。据调查，试点范围内就有 1 375 余座，破坏土地面积 7 453.54 hm^2，约有 90%的废弃无主矿山未开展矿山生态环境治理与修复，生态破坏和环境污染问题较为严重，所引发的重要地质灾害隐患点达 133 处。地下矿开采形成大量的采空区，容易形成局部地面塌陷、地裂缝、崩塌等；山区和丘陵区矿山开采在沟道堆放废渣等，降水径流携带污染物对区内土壤及地表水造成严重污染，是泥石流易发区等。

图 6-2　试点区域地质环境问题

（6）水资源供需矛盾突出，局部区域水体功能下降

三江平原原有大小沼泽 4 000 余个，水面面积达 50 万亩①，其面积在 50 亩以上的约 300 个。目前多因农田水利的开发以及地下水位的下降等导致枯涸者占 2/3。由于排水、上游水库修建、堤防工程等不合理水利工程，切断了湿地的水源补给通道，导致湿地水资源量严重不足。近年来，挠力河流域湿地部分河段已经断流。与缺水并存的是局部区域水体污染也在逐年加重，影响湿地生态系统的健康。

① 1 亩≈666.67 m^2。

近年来，虽然小兴安岭-三江平原山水林田湖草生态保护修复工程试点区域水土污染总体呈向好的趋势，但局部地区的水污染问题仍不容忽视，如挠力河湿地不同程度地存在水质污染、富营养化加重的问题。

（7）局部地区水土流失严重，水源涵养功能受损

小兴安岭-三江平原山水林田湖草生态保护修复工程试点区域内森林大面积砍伐，草地面积减小、湿地面积急剧萎缩，导致植被蓄水、保水功能降低、土壤侵蚀，水土流失严重，全区水土流失面积 1.75 万 km^2，占整个区域面积的 17.56%，其中，中度以上侵蚀面积为 4 321.44 km^2，占水土流失总面积的 24.70%，主要分布在低山丘陵区、漫川漫岗区，侵蚀沟较多的坡耕地每年流失地表土为 0.4～0.7 cm，有的地块达到 1 cm。土壤有机质含量呈逐年下降态势，已从开垦时的 8%～10%下降到近年的 3%～5%。同时，水土流失还导致黑土层变薄，影响区域的商品粮供应。

第7章

指导思想与总体目标

7.1 指导思想

以习近平新时代中国特色社会主义思想为指导，全面贯彻党的路线方针政策，贯彻落实黑龙江省关于生态文明建设的总体决策部署，坚持“创新、协调、绿色、开放、共享”的发展理念，紧紧围绕“五位一体”“四个全面”战略布局和黑龙江省“五大规划”“龙江丝路带”建设，以“山水林田湖草是一个生命共同体”理念为指引，以恢复和提升小兴安岭-三江平原生态安全屏障功能和提供更多生态产品为核心目标，以重大生态问题为导向，以体制机制改革创新为动力，坚持人工修复与自然恢复相结合、建设与长效管护并举，统筹谋划、阶段实施，系统推进山水林田湖草生态保护修复工程，遏制区域生态环境恶化趋势，充分发挥区域水源涵养、生物多样性维持、土壤保持、生态产品供给等重要生态功能，构建以山水林田湖草为生命共同体的生态安全格局，为筑牢北国边疆绿色生态屏障、保障国家粮食安全奠定坚实基础。

7.2 基本原则

山水林田湖草的生态保护修复是一项巨大的系统工程，涉及财政、自然资源、生态环境、林业、农业农村、水利、渔业等众多部门和生态、环境、地质、矿业等多个学科。在生态保护与修复过程中应遵循以下基本原则：

坚持保护优先、自然恢复为主。面对试点区域资源约束趋紧、生态系统退化的严峻形势，坚持节约优先、保护优先、自然恢复为主的方针，高效开展山水林田湖草生态保护与修复工作。加大生态保护和修复力度，保护和建设的重点由事后治理向事前保护转变、由人工建设为主向自然恢复为主转变，从源头上扭转生态恶化趋势。

坚持统筹规划、突出重点。立足于解决小兴安岭-三江平原各类生态问题，全方位、多层次、多领域地开展生态保护与修复，加强顶层设计，整合部门举措，形成工作合力，统筹协调推进。同时，基于区域内“生态安全屏障”和“产品供给”两大核心功能定位和突出问题，识别工程实施重点区域，对重点区域优先采取针对性措施。

系统修复，整体推进。坚持贯彻“山水田林湖草是一个生命共同体”的理念，按照山水田林湖草生态系统的完整性、系统性及内在规律、统筹考虑自然生态各要素、山上山下、地上地下、流域上下游，将修复矿山环境、维护水源涵养功能、提升水环境质量、黑土地保护等任务有机结合起来，进行整体保护、系统修复、综合治理，筑牢区域生态安全格局。

创新机制，长效保护。坚持以生态文明制度改革引领生态保护管理，以实施山水田林湖草生态保护修复工程为契机，创新生态保护修复的组织、实施、管护、考核、激励、责任追究等系列管理机制，形成责权明确、协同推进、务实有效的监管格局。以政府为主导，整合财政资金，引入社会资本，建立完善的资金筹措机制，保障区域生态保护修复工作有效实施。

7.3 总体布局

以“山水林田湖草是一个生命共同体”的理念为指导，以区域生态环境质量与生态功能定位的差距为出发点，系统解决区域森林、湿地等资源质量下降、生物多样性降低、矿山生态破坏、河流功能受损等主要生态环境问题。按照优化生态空间管控与分区分类精准修复相结合的思路，结合区域的湖泊、山脉、河流等重要自然地理界线，构建两山（小兴安岭和完达山）、三带（黑龙江、松花江和乌苏里江）和多点（国家级自然保护区、国家森林公园、）的生态安全格局，形成“两屏一带一区”①的总体布局。

7.3.1 小兴安岭生态安全屏障

（1）生态功能

该区域位于黑龙江省中北部，属低山丘陵，行政区涉及伊春市、鹤岗市、佳木斯市的汤源县等区域，面积为 29 228.42 km^2。该区域自然资源丰富、植被群落类型复杂多样，分布有大片较原始的红松针阔叶混交林，是我国目前保存下来最

① “两屏”分别为小兴安岭生态安全屏障和完达山生态安全屏障，“一带”为松花江水土污染防控带，“一区”为三江平原湿地生物多样性保护区。

为典型和完整的原生红松阔叶混交林分布区之一，也是中国和亚洲东北部具有代表性的温带原始红松针阔叶混交林区。该区域是黑龙江和松花江众多支流的发源地，也是重要水源涵养区，对松嫩平原和华北平原都具有重要的生态安全屏障作用。

（2）具体生态环境问题

局部森林质量不高，水源涵养功能受损。近年来，虽然森林总量连年大幅提高，但森林质量不高，中幼龄林比重过高，单位面积蓄积量低。林分树种结构变化较大，以红松为主的针阔混交林大幅减少，以杨、桦、柞为主的次生阔叶林及以落叶松为代表的人工林大量增加。同时，受经济利益驱使，农林交错地段经常发生毁林开垦等破坏森林资源影响生态环境问题。

局部地区水土流失严重，部分河段水质呈下降趋势。区域森林大面积砍伐，草地面积减小，湿地面积急剧萎缩，导致植被蓄水、保水功能降低，土壤侵蚀，水土流失严重。仅伊春市水土流失面积为 2 199.55 km^2，占行政区域总面积的 6.7%。其中，强烈以上侵蚀面积为 241.8 km^2，占水土流失总面积的 10.99%。侵蚀沟 3 800 条，沟道面积为 27.63 km^2，沟道总长度 1 223.61 km。沟壑密度为 0.04 km/ km^2。加之汤旺河沿岸、黑龙江沿岸部分区没有建污水处理厂或污水处理厂运行不正常，导致城镇生活污水未经处理直接或间接排入河流，造成水质恶化。

7.3.2 完达山生态安全屏障

（1）生态功能

该区域位于黑龙江省中部，涉及七台河市、勃利县、桦南县、依兰县等市（县），总面积为 24 421.20 km^2。该区域地形复杂多样，动植物资源丰富，建有七星砬子东北虎国家级自然保护区，国家一级保护野生动物有东北虎、东北豹、紫貂。同时，还建有西大圈、倭肯河、安兴湿地等多个省级自然保护区。该区域也是倭肯河、挠力河、安邦河、穆棱河等众多河流的发源地，同时也是穆棱—兴凯平原的生态安全屏障。

（2）具体生态环境问题

植被破坏严重，水源涵养功能受损。受大规模城镇建设和农业开发等人类活动影响，森林植被遭到大面积破坏，倭肯河流域水土流失面积为 909.04 km^2，占流域土地面积的27.75%，其中，强烈以上侵蚀面积为303.32 km^2，占水土流失总面积的33.37%。倭肯河流域内侵蚀沟道数量为2 797条，总长度1 247 km。

废弃采石场、矿山较多，地质灾害多发。倭肯河上游流经的七台河市是黑龙江省著名的煤城，因地质构造较为复杂，矿山地质环境问题多且严重，可视范围内64处无主尾矿，以煤炭开采造成的地面塌陷、地裂缝为主。此外，还存在土地资源压占与破坏、植被资源破坏、矸石山滑坡及不稳定斜坡、水土侵蚀、水土污染等矿山地质环境问题。下游依兰县主要开采矿种为石灰岩，废弃矿山约有63处，破坏面积达 9～10 hm^2，山体开采面覆土被剥离，基岩裸露呈灰白色，无任何植被覆盖，开采面坡度呈现70°～90°，山体风化层厚0.5～1 m，开采面及坡脚堆积大量碎石，威胁坡脚处公路及行车安全，容易诱发崩塌、滑坡等地质灾害。

流域污染负荷大，水质提升难度大。倭肯河发源于完达山西北侧，沿途经七台河市、勃利县、桦南县及依兰县四大市（县）的近20个乡镇地区，居住人口140万人。近年来，流域沿线社会经济发展迅速，水体纳污负荷逐年增加。2017年监测断面数据表明，倭肯河干流以Ⅳ类为主，万宝河、七虎力河、八虎力河等支流为Ⅴ类和劣Ⅴ类。化学需氧量、氨氮、总氮和总磷的污染负荷分别为24 184.08 t/a、2 746.72 t/a、5 743.74 t/a和305.57 t/a，主要表现在生活生产污水的直接排放和农田退水、畜禽养殖等农业面源污染，高强度的污染负荷对松花江水质影响较大。

7.3.3 松花江水土污染防控带

（1）生态功能

该区域位于松花江下游，涉及佳木斯市区、双鸭山市、汤源县、桦川县和绥滨县等县（市、区），面积为19 307.81 km^2。该区域地势平坦，河道和滩地比较开阔，水道歧流纵横，是我国重要的商品粮生产基地和绿色食品生产基地。同时，该区域内广泛分布的湖泊湿地对松花江的径流和洪水发挥着重要调蓄作用，是松花江入黑龙江的最后一道防线。

（2）具体生态环境问题

局部水体功能下降。松花江干流河流水质相对较好，但流域部分支流存在水质不达标情况，主要分布在安邦河、鹤立河城区段、音达木河等松花江支流，主要污染指标为总磷、高锰酸盐指数等。该区域内村镇相对密集，农业养殖规模均较小，以农村散养为主，村镇生活污水、农村固体废物、农田农药化肥、水土流失等因素，造成区域面源污染问题严重，是区域主要污染源之一。工业污染物排放和人口不断汇集产生的生活污水、生活垃圾污染仍然存在，部分河道被盲目开发建设，河道被挤占，导致部分河段存在险工险段和河道淤积、河道畅通性差，部分河段水质污染严重。

区域饮用水安全得不到保障。佳木斯市的中心城市是以发展现代农业、工业、服务业和口岸贸易为主的生态城市。佳木斯市江北水源地为地下水型水源地，设计取水量为 8 008 万 t/a，2017 年实际取水量为 3 083.104 8 万 t。服务人口 51.168 万人。由于自然和历史原因，导致水源地水质常年不达标，超标因子为铁、锰，铁超标 18.13～54.00 倍、锰超标 7.86～13.10 倍。

黑土地流失加重，农业生产基础受威胁。流域土壤疏松，抗蚀能力弱，虽有一定的森林基础，但林地植被破坏严重，对丘陵和波状台地的农业垦殖强度过大，造成水土流失较为严重。从整个区域来看，水力侵蚀面积为 5 359.85 hm^2，占区域土地面积的 27.76%。坡耕地和侵蚀沟道的水土流失已导致耕地被切割，林地被破坏，直接影响黑土地的保护和农业生产的可持续发展。

7.3.4 三江平原湿地生物多样性保护区

（1）生态功能

该区域位于黑龙江省东部，行政区涉及佳木斯市的同江市、抚远市、饶河县、宝清县、富锦市、友谊县等市（县），总面积为 26 672.30 km^2。

该区域是黑龙江省湿地面积最大、最集中的分布区，是我国湿地及其生物多样性最为丰富的关键地区之一，也是许多珍稀濒危动物，尤其是水禽的重要栖息地和繁殖地。同时，该区域位于黑龙江和乌苏里江的交汇处，水土流失较为严重，危及领土完整。

（2）具体生态环境问题

湿地锐减，珍稀动植物栖息地遭到破坏。三江平原的不合理开发导致湿地面积大量减少，森林植被严重破坏，生态失衡，降水量减少，地下水位下降，蒸发量加大，沼泽普遍缺水，动植物种类和数量锐减。在三江平原未开发以前，本区繁殖的丹顶鹤达数千对，20 世纪 70 年代调查，本区丹顶鹤繁殖数量估计仍为 2 000 多只。20 世纪 80 年代丹顶鹤繁殖数量为 300 余只，目前在三江平原的繁殖数量已经不足 100 只。鱼类资源衰退严重，尤其是名、贵、特有鱼类的群体结构发生变化，呈低龄化、小型化和低值化。

水资源短缺，湿地生态功能退化。挠力河两岸大面积湿地被开垦成农田，导致挠力河涵养水源补给水量的功能完全丧失，加之上游建造 3 座大型水库，截断了入河水源，挠力河已成无源之河，河面在逐年萎缩，水量逐年减少，干旱年景出现干涸断流河段。地下水超采严重，生态水量严重不足，对水生生物栖息地造成较大影响。

7.4 目标与指标

2021 年，小兴安岭-三江平原生态环境质量总体改善，主要污染物排放总量大幅减少，生物多样性得到切实保护，生态系统服务功能稳定提高，生态安全屏障地位得到巩固，生态保护修复体制机制逐步完善，生态环境保护水平同黑龙江省全面建成小康社会目标相适应。

各保护与修复分区的目标如下：

"两屏"（修山护林）：矿山综合治理和森林水源涵养得到加强。森林蓄积增加，林分质量改善，历史遗留矿山地质环境和水土流失得到综合整治，矿山地质灾害有效减少，生态安全屏障地位得到巩固。

"一带"（治水保田）：化学需氧量、氨氮、总磷污染排放显著降低，松花江、黑龙江、乌苏里江等国控、省控断面III类水体比例达到 60%及以上，城市生活饮用水水源地水质达标率达到 100%；土壤环境质量得到阶段性明显改善，黑土地不减少、不退化。

"一区"（生多保护）：生物多样性维持能力得到提高。重点湿地生态功能恢复，东北虎、东方白鹳、丹顶鹤等重要动植物资源得到有效保护，部分受损生境得到恢复与重建，自然保护区能力建设水平得到提升，生物多样性维持能力逐渐提高。

生态文明制度建设水平得到提高。生态补偿机制得以推进，优良生态资源组合开发模式得以建立，生态保护修复工程长效监管模式得以确立并发挥作用，区域绿色转型发展稳步推进。

小兴安岭-三江平原山水林田湖草生态保护修复工程试点的总体目标及具体指标见表 7-1。

表 7-1　试点区域绩效考核指标

编号	类型		绩效指标	现状值	目标值	属性
1	生态环境	修山护林	新增林草保护修复面积/hm^2	—	8 000	约束性
2			新增矿山保护修复面积/hm^2	—	3 000	约束性
3			新增水土流失治理面积/hm^2	—	1 000	约束性
4	生态环境	治水	氨氮消减/（t/a）	—	1 300	约束性
5			化学需氧量消减/（t/a）	—	14 000	约束性
6			总磷消减/（t/a）	—	250	预期性
7			城市生活垃圾无害化处置率/%[1]	80	93	预期性
8			城市污水处理率/%[1]	90	95	预期性
9			国控考核断面地表水达到或优于III类水的比例/%[3]	48	60	预期性
10			国控考核断面地表水质量劣V类比例/%[3]	1.79	0	预期性
11			城市集中式饮用水水源地水质达标率/%[1]	90	100	预期性
12		保田	新增污染土壤治理/hm^2[2]	—	14	约束性
13			新增高标准农田建设/hm^2	—	25 000	约束性
14		生多保护	湿地保护修复/hm^2	—	6 000	约束性
15			重点保护野生动植物保护率/%	90	95	预期性

注：1. 城市指地级市；2. 污染土壤治理主要指垃圾填埋场治理；3. 背景值引起的超标问题，根据专家评审扣除相关因背景值引起的超标的指标。

7.5　重点任务

（1）加强国土空间管控，优化空间格局

保护优先、预防为主，以生态保护红线强化环境空间管控，以主体功能区划合理布局生态安全、农业生产、城镇生活 3 类空间，以环评、标准、准入等手段加强产业引导，促进生产空间集约高效、生活空间宜居适度、生态空间山清水秀。全面提高资源利用效率，淘汰落后产能，推进清洁生产，发展循环经济，推动绿色发展。

（2）加大森林资源保护力度，筑牢生态安全屏障

对小兴安岭和完达山片区采取更加严格的生态保护措施，全面停止天然林商业性采伐，继续实行封山育林、巩固退耕还林成果，构建健康稳定的森林生态系统，促进林区的可持续发展。推进防护林体系建设，以森林生态功能区建设为核心，建设国家储备林基地；借助林区全面禁伐，开展侵占林地的建筑物生态搬迁工程，对移民后地块开展退耕还林、荒山荒地造林、退化次生林改造、次生林抚育、营造针阔叶混交林等措施来提高绿地面积和森林生态功能。

加强封育保护与生态自然修复，防治水土流失。继续推进林缘带、农林接合区侵蚀沟治理，遏制侵蚀沟蔓延扩大，加大小流域治理力度，坚持以小流域为单元进行综合治理，构建科学完善的水土流失综合防护体系。

（3）强化矿山地质环境恢复治理，提升水源涵养能力

以自然保护区、重要景观区、居民集中区周边和重要交通干线、河流湖泊直观可视范围“三区两线”及基本农田保护区等为重点，科学编制废弃矿山的治理规划和实施方案。针对矿区土地资源破坏的问题，采取回填、矿渣整治、推覆平整及客土、输排水、沸石覆盖等防治措施，结合植被恢复工程，对废渣堆进行覆土种植，消除采矿活动产生的土地破坏占压、土壤利用价值低等问题，达到矿山复垦和生态恢复的双重目的。因采矿活动造成的土地毁坏、土地沉陷、山体破损、岩石裸露、植被破坏和沸石堆放等问题，通过消坡、修建台阶、护坡、防渗、排水、加固、挖填等工程，恢复改善矿山地质环境，修复废弃矿山地形地貌景观。

对洞采、露天开采、矿坑疏干排水、固体废物堆积等因素引起的崩塌、滑坡、泥石流、采空区塌陷、岩溶塌陷等地质灾害进行工程治理，其中，针对崩塌主要采用清危、锚固支撑、嵌补护坡、主动网/被动网等技术方法进行治理；对泥石流结合防护队形采用疏、排及固源为主的思路进行防治，必要时可辅以适当的挡拦工程进行治理；针对弃渣堆放造成的边坡问题则主要采用支挡、植树绿化等措施进行治理，最大限度减轻或消除地质灾害对区内居民生命财产的威胁。

（4）推进污染土壤治理与黑土地保护，保障中国粮食安全

以农用地和重点行业企业用地为重点，完成区域土壤污染状况详查。以影响农产品质量和人居环境安全的突出土壤污染问题为重点，制定土壤污染治理与修复规划。根据耕地土壤污染程度、环境风险及其影响范围，确定治理与修复的重点区域。结合城市环境质量提升和发展布局调整，以拟开发建设居住、商业、学校、医疗和养老机构等项目的污染地块为重点，开展治理与修复。

加强寒地黑土保护，推广黑土地保护性耕作技术应用，采取秸秆还田、增施有机肥及生物肥、轮作休耕等措施进行综合治理，提升土壤有机质含量，改善土壤理化和生物性状，实现黑土地合理持续开发利用。

（5）强化湿地保护与恢复，拯救珍稀濒危物种

遏制三江平原天然湿地生态系统退化趋势，采取水量调度、生态补水、河湖水系连通、严格地下水管理等措施，确保重要湿地生态用水。采取退耕还湿、退化湿地修复等措施，开展区域土地整治修复工程，通过破损山体修复、恢复绿地、封滩育草、封山育林、种植湿地植物等措施强化湿地生态功能。

结合国家、省野生动植物资源调查工作，对区域内珍稀濒危物种资源进行专项调查，摸清家底，为进一步搞好区域生物多样性保护管理工作提供科学依据。推进三江、黑瞎子岛、八岔岛等国家级自然保护区规范化建设，加强监督和管理。积极争取国家专项资金，加强勤得利鲟鳇鱼省级自然保护区、黑龙江抚远段鲟鳇鱼国家级水产种质资源保护区和黑龙江同江段达氏鳇国家级水产种质资源保护区管理机构和能力建设，提高自然保护区管理质量。科学规划，加快推进自然保护区提档升级，基本形成类型多样、功能健全、区域分布趋于合理的自然保护区体系。

（6）加快污染控制和河道综合整治，全面提升区域水质

加快城镇污水处理设施建设与提标改造。全面推进工业企业水污染物达标排放，强化经济技术开发区、高新技术产业开发区等工业集聚区污染治理。优先加强城镇排水配套管网建设。大力推进老旧城区和城乡接合部污水截流、收集、纳管，提高污水处理厂负荷率。对双鸭山市、依兰县已建成的城镇污水处理设施，因地制宜升级改造工艺设备，强化脱氮除磷。到2020年，所有县城和3万人口以上重点建制镇具备污水收集和处理能力，城市和县城污水处理率分别达到95%左

右和 85%左右。

铁腕实施污染河道综合整治。全面开展区域不达标水体排查，制定整治方案，加快区域不达标水体治理进度。结合佳木斯市、双鸭山市、鹤岗市的《水污染防治行动计划工作方案》，着力推进区域内城市污水处理设施的建设和完善；着力推进污水处理配套管网建设和完善，提高城镇污水处理配套管网建设和完善，扩大城镇污水处理设施的覆盖范围，实施雨污分流改造；加强存量垃圾处理处置，防治地下水污染。采取生态护岸、打造乔灌木相结合的生态防护林，结合河道堤岸防护、蓄滞场所建设，有效控制水土流失。

加强城乡饮用水水源地保护。调整和完善佳木斯市、集贤县等集中式饮用水水源地保护区划分方案，完善区域各乡镇集中式饮用水水源地保护区的划定工作。继续推进水源地一级水源保护区水库隔离围网防护建设，减少人类活动给饮用水水源带来的潜在隐患，并加强隔离围网的维护管理。加大饮用水安全监察执法力度，构建水源地安全保护体系。开展试点区域饮用水水源地环境风险排查，对威胁饮用水水源水质安全的重点污染源和风险源优先予以整治、搬迁或关闭；每年开展集中式饮用水水源地环境状况评估，完成饮用水水源保护区内现有违章建筑物及排污口清理；加强主要饮用水水源地面源污染和水土流失控制，清理整治饮用水水源保护区内菜地、果园残余废物、居民生活垃圾和养殖垃圾，设置垃圾处理池等。

强化跨国界河流保护。加强对黑龙江、乌苏里江等跨国界河流及其支流的污染治理和管控，逐步改善界江界河水质。继续实施中俄界江水体联合监测。加强监测能力建设，完善监测网络，提高跨国界河流水环境污染预警与应急能力，防范环境风险。

第 8 章

国土空间管控与工程布局

8.1 国土空间管控措施

8.1.1 推进主体功能分区

科学划分优化开发、限制开发、禁止开发3类主体功能区，构建差异化的产业准入、绩效考核等管理体系，合理布局生态安全、农业生产、城镇生活3类空间，促进生产空间集约高效、生活空间宜居适度、生态空间山清水秀。

禁止开发区。禁止开发区主要包括各级自然保护区、风景名胜区、森林公园、地质公园、基本农田保护区、重要湿地和湿地公园、水源保护地、文物保护区、蓄滞洪区等区域，面积约为49 040.98万km^2，占整个试点范围国土面积的49.22%，是保护自然文化资源、维持生物多样性和保护珍稀动植物的重点区域，也是确保生态安全和水源安全的重要空间。禁止开发空间以保护和修复生态环境、提供生态产品为首要任务。严格按照法律法规，保护生态环境，维护生物多样性，防止城市建设无序蔓延。禁止开采矿产资源、毁林开荒，禁止乱采滥捕野生动植物，禁止擅自占用、征用禁止开发空间的土地，禁止任何破坏生态环境保护的建设项目和活动。推进区域内包括自然保护区、森林公园、湿地公园、地质公园、风景名胜区在内的多种生态保护形式，共同组成生物多样性保护体系。依托生物多样性保护体系及其周边地区良好的自然条件，探索在此范围内开展珍稀濒危物种就地保护、资源扩繁和近地野化工程。国家级和省级森林公园、自然保护区、地质公园和湿地公园周围部分国家与省级公益林应以保护生物多样性、构建生态屏障为主要目的，大力开展生态修复与治理，提高森林碳汇服务价值，增强生态服务能力。

限制开发区。限制开发区分为国家重点生态功能区和国家农产品主产区，面积为37 347.15 km^2，占整个试点区域土地面积的37.49%，是发展与保护并重的产品发展区，既提供生物多样性保护、水源涵养、土壤保持等生态服务功能，也是保障农林产品供给、现代农业推进的重要区域。小兴安岭-三江平原山水林田湖草生态保护修复工程试点区域限制开发区域的国家重点生态功能区分为水源涵养型生态功能区（小兴安岭森林生态功能区）和生物多样性维护型生态功能区（三江平原湿地生态功能区）。

对于水源涵养型生态功能区，应加强生态环境保护，促进生态修复，禁止非保护性采伐，力争全面停止采伐，植树造林，涵养水源，开展以中幼林抚育为重点的森林抚育经营，保护野生动物；在资源环境可承载的范围内，适度开发林木和水资源，科学有序开发矿产资源；因地制宜地发展优势特色产业，加快发展以生态旅游、特色种养殖、绿色食品加工、北药开发、清洁能源等为主的接续和替代产业，形成生态主导型产业格局。

对于生物多样性维护型生态功能区，应禁止对野生动植物进行乱采滥捕，保持和恢复野生动植物物种和种群的平衡，实现野生动植物资源的良性循环和永续利用；增强防御外来物种入侵的能力，防止外来有害物种对生态系统的侵害；保护自然生态系统与重要物种栖息地，防止生态建设导致栖息环境的改变；扩大保护范围，降低城市建设强度，改善水域及湿地环境。

对于国家农产品主产区，应建设农业综合开发试验区，保护耕地，集约开发，加强农业基础设施建设，显著提高农业综合生产能力、产业化水平、物资装备水平、支撑服务能力，提高农业生产效率，大力发展高产、高效、优质、安全的现代化大农业，保障农产品供给，确保国家粮食安全和食品安全；积极推进农业规模化水平，搞好绿色（有机）食品基地建设，发展农产品深加工，加大绿色（有机）食品和无公害农产品开发力度，拓展农村就业和增收空间，加强农村基础设施和公共服务设施建设，改善生产生活条件。

为更好地进行生态建设和环境保护，在现有城镇布局的基础上重点规划和建设资源环境承载能力相对较强的县城和中心镇，进一步集约开发，集中发展特色产业和经济，提高综合承载能力。引导一部分人口向城市化地区转移，另一部分人口向区域内的县城和中心镇转移，形成点状开发城镇。在点状开发城镇，加强生态建设，积极保护耕地、森林、草原、水域和湿地，强化西部地区的防风固沙功能，加强水资源保护治理及林木采伐中的水土流失预防和治理。因地制宜地发展优势特色产业，科学有序地进行矿产资源的点状开发并做好生态恢复，重点发展特色种植养殖、观光休闲农业、农林牧产品生产和精深加工、绿色食品、北药等产业，积极发展生态旅游等服务业。

优化开发区。优化开发区分为省级优化开发区、国家级优化开发乡镇和省级优化开发乡镇，面积为 13 240.87 km^2，占整个试点区域土地面积的 13.29%，分为东部煤电化基地城市群和园区所在乡镇。

东部煤电化基地城市群以佳木斯、双鸭山、鹤岗、七台河为区域中心城市，以能源与煤化工及其相关产业为主导，建设黑龙江省东部重要经济增长极。加强煤炭资源接续能力建设，合理开发和有效保护煤炭资源，增强煤化工产业集聚能力和竞争力，积极发展新材料、冶金、装备制造、生物等替代产业和现代服务业。发挥生态优势和资源优势，发展绿色特色农产品生产及加工，推动规模化经营，提高农产品精深加工和农副产品综合利用水平。强化节能减排，加强水资源开发利用保护和节约，加快植树造林步伐，加强水土流失预防和治理，开展三江平原湿地保护和修复。

优化开发城镇。主要是指东部煤电化基地周边部分县（市）重点开发区、国家农产品主产区中部分县（市）重点开发区、园区所在乡镇，包括宝清县宝清镇、朝阳乡和七星泡镇，集贤县福利镇和集贤镇，勃利县勃利镇和青山乡，桦南县桦南镇，桦川县悦来镇，汤原县汤原镇，友谊县友谊镇，萝北县名山镇和环山乡等 13 个镇（乡），以及国家级优化开发区的依兰镇和达连河镇。在生态建设方面，应大力发展循环经济和生态农业，加强生态建设，实施退耕还林还草还湿，加强水土流失预防和治理，开展重点矿区生态修复、环境治理和水资源保护治理，提高矿区土地复垦和矿井水利用率。积极保护耕地，保障粮食生产，大力发展生态农业，积极推广应用保护性耕作技术，治理水土流失，实施退耕还林还草还湿，强化西部地区的防风固沙功能，加强水资源保护治理。

8.1.2 严守生态保护红线

细化生态保护红线。认真落实黑龙江省生态保护红线勘界，强化重点生态功能区、生态环境敏感区和生态环境脆弱区等区域的生态保护。2018 年 12 月前，完成生态保护红线划定。将生态保护红线成果应用到主体功能区规划、土地利用总体规划、林地保护利用规划、城市总体规划等国土空间管控规划中，实现“多规合一”。按照生态红线面积不减少、功能区不降低、性质不转换的要求，严格自然生态空间管理。根据生态系统保护的需要，逐步拓展和完善生态红线区域范围，进一步优化生态环境功能布局，严格保护重要水源、湿地、森林等自然生态资源。

落实生态保护红线区管控办法。落实细化黑龙江省生态保护红线管控办法，按照“严划定、慎调整”的思路，执行“源头严防、过程严控、后果严惩”的全过程管理。按照保护和管理的严格程度，一类管控区内按照区域组成要素要求，除必要的科学实验、教学研究以及现有法律法规允许的民生工程外，禁止任何形式的开发建设活动。二类管控区内制定生态保护负面清单，落实空间用途管制。完善生态保护红线区域地理信息系统，建立生态保护红线“地图”与产业发展、城乡建设、土地利用、人口管理、项目准入等规划的衔接机制，强化对生态保护红线区的检索查询、日常监管、环保准入，落实刚性约束。

不断提升红线区域生态功能。鼓励各市、县（区）根据红线区域的类型与级别制定有针对性的保护管控措施，实施“一区一策”的生态保护与功能提升工程，稳步提高红线区域的生态质量。加大对逾越生态红线和破坏生态环境违法行为的环境监察和执法力度，严肃查处擅自调整生态保护红线边界、在生态红线区域内违规开发建设等行为。

开展生态保护红线绩效考核。以生态保护红线区面积变化、生态系统结构与生态环境质量变化、生态功能保护成效、人为活动干扰和破坏情况以及管理政策落实情况作为考核要素，制定绩效考核办法及标准，考核各市、县（区）生态保护红线区的保护和管理工作，将考核结果作为领导干部“党政同责、一岗双责”政绩考核的重要依据。

8.1.3 调整土地利用结构

强化土地用途空间管制，明确禁止开发区、优化开发区、限制开发区的划分标准、空间范围、开发方向和管制措施；在主体功能区规划基础上，明确生态红线保护要求，调整工业空间布局，拓展旅游空间格局，优化农业空间格局。加强对新增建设用地规模、结构、时序安排的调控，保护好城镇周边地区的耕地、林地、湿地等，推动城乡土地综合利用，有序推进城乡建设用地增减挂钩、城镇低效用地再开发、工矿废弃地复垦利用、低丘缓坡土地综合开发利用。合理降低耕地开发强度，控制非农建设对耕地的占用，严格控制农村集体建设用地规模。

8.2 森林保护修复类工程

任务依据：《黑龙江省生态环境保护“十三五”规划（2016—2020 年）》《黑龙江省林地保护利用规划（2010—2020 年）》。

建设内容：植被恢复、森林质量精准提升和森林资源保护。

重点区域：根据水源涵养重要性评价结果、森林生态系统分布和重要物种生境保护需求、森林生态系统破碎化现状，划定 2 个森林保护修复工程重点区域，主要集中在“两屏”区域。

小兴安岭森林保护区：主要分布在松花江以北的小兴安岭腹地，主要包括伊春市辖区、鹤岗市辖区的北部区域。区域分布原始红松林，是汤旺河、嘟噜河、梧桐河的发源地，是水源涵养极重要区和生物多样性保护重要区。

完达山森林抚育区：主要分布在松花江以南，完达山脉的那丹哈达岭北侧，主要包括依兰县、桦南县、集贤县、勃利县和双鸭山市的部分区域，是倭肯河、安邦河、七星河、八虎力河等河流的主要水源涵养区域，分布有七星砬子东北虎国家级自然保护区，重点保护东北虎、马鹿等野生动物及其生境。

重点工程：主要包括森林抚育修复类、山体植被修复类、林缘带防护林建设等 8 项工程，具体见专栏 1。

专栏 1　森林保护类修复重点工程

1. 小兴安岭腹地南北山林缘交错带生态修复工程：新增乔木 192.36 hm^2、灌木 153.69 hm^2，修复矿山 1.82 hm^2，荒草地造林 38.12 hm^2，退耕农田 292.73 hm^2，裸土地 13.38 hm^2，柞矮林改造 68.83 hm^2，补植补造红松（冠下造林）13.55 hm^2，风倒木清理 41.38 hm^2。修建管护用房 13 个、改造防火道 4.58 km、生态谷坊工程 2 120 m，垃圾残土外运 4 747.4 m^3。

2. 小兴安岭腹地南山植被恢复与保护工程：新增乔木 141.66 hm^2、灌木 5.99 hm^2，补植补造红松（冠下造林）51.41 hm^2，修复矿山 10.74 hm^2，荒草地造林 0.94 hm^2，退耕农田 135.96 hm^2。基础设施包括移动木屋式管护用房 1 个、车行防火道

17.33 km、人行防火道 4.02 km，垃圾残土外运 47 733.3 m^3。

3. 小兴安岭腹地北山植被恢复与保护工程：新增乔木 436.96 hm^2、灌木 31.45 hm^2，修复矿山 6.08 hm^2，退耕农田 418.26 hm^2，裸土地面积 13.64 hm^2，荒草地造林 30.44 hm^2，柞矮林改造 4.1 hm^2，补植补造 43.88 hm^2，风倒木清理 123.06 hm^2，生态护坡 1 430 m^2，森林生态管护用房 9 个，垃圾残土外运 21 429.9 m^3。

4. 伊春市原伊翠铁路生态修复工程：清运现状垃圾残土 25 691m^3；林草生态修复面积 100.81 hm^2，其中乔木 36.58 hm^2、灌木 7.38 hm^2、地被 56.85 hm^2；建设植草沟 1 000 延米，过街管 30 延米，鸟类招引设施鸟巢等 6 个。其他风雨连廊 1 个、生态栈道 6 953 m、生态厕所 6 个、垃圾桶 55 个、生态宣传牌 43 个、生态休息平台 2 个、成品生态座椅 30 个。

5. 鹤岗市水源涵养林森林质量提升工程：对鹤立河和细鳞河水系的水源涵养林实施森林抚育 8 000 hm^2，提高森林质量和水源涵养能力。

6. 鹤岗市五号水库饮用水水源地一级保护区防护工程：水源地一级物理封闭，工程围栏 18.11 km；铁蒺藜 54 384 m，铁艺大门 12 座，自动门 1 座；栽植攀缘植物 1 855 株，穴播植草 0.19 hm^2。

7. 倭肯河下游（依兰段）生态环境修复工程：倭肯河东岸珠山林场森林抚育面积 133.33 hm^2；倭肯河东岸 4 处裸露山体修复面积约 20.50 hm^2，河道清淤 9.6 万 m^3，护岸 500 m，清运建筑垃圾 9 万 m^3，倭肯河东西两岸水源涵养林面积 13.00 hm^2，草皮护坡 4 hm^2。

8. 勃利县吉兴河流域生态修复工程：环水库红松林与樟子松林生态修复 0.96 hm^2；水库东侧退耕还林还草 1.58 hm^2；水库东侧自然湿地生态恢复植物种植及湿地生态恢复 0.65 hm^2；水库南侧恢复植物种植及湿地生态恢复 35.8 hm^2；环水库道路两侧生态修复面积 3.91 hm^2。

8.3 矿山环境治理恢复类工程

任务依据：《黑龙江省矿山地质环境保护与治理规划（2018—2022 年）》。

建设内容：占用压覆土地治理、地形地貌景观恢复整治和地质灾害治理。

重点区域：根据区域历史遗留矿山分布和突出的生态环境问题，确定 2 个区域为矿山环境重点治理区。

鹤岗废弃矿山治理区：主要分布在鹤岗市的东山区、兴安区和南山区，此区域共有废弃矿山48个，破坏土地面积为456.31 hm^2，包括北山白灰厂、跃进村采石场等建材及其他非金属矿山22个，兴北煤矿、东源煤矿等废弃煤矿26个。

双鸭山废弃矿山治理区：主要分布在岭东区、尖山区、四方台区和宝山区，此区域共有废弃矿山101个，破坏土地面积为451.15 hm^2，包括22个采石、采沙厂和79个废弃煤矿与矸石堆。

七台河废弃矿山治理区：主要分为东部、中部和西部矿山治理区，此区域共有废弃矿山220个，破坏土地面积为612.5 hm^2，其中建材及其他非金属矿山26个、废弃煤矿194个。

重点工程：主要包括13个工程项目，其中废弃矿山修复类9个，地质灾害治理类4个，总规模为3 698.79 hm^2，具体见专栏2。

专栏2　矿山环境修复类重点工程

1. 鹤岗市南山区矿山地质环境保护与修复工程：清理工程 434 891 m^3；平整土地594.94 hm^2；植树种草 577.40 hm^2；管护绿化面积 1 348.43 hm^2（2年）。

2. 鹤岗市东山区矿山地质环境保护与修复工程：清理工程 2 022 m^3；平整土地26.05 hm^2；植树种草24.86 hm^2；管护绿化面积 63.53 hm^2（2年）。

3. 鹤岗市兴安区矿山地质环境保护与修复工程：清理工程1 109 406 m^3；平整土地800 hm^2；植树种草667.09 hm^2；管护绿化面积 1 334.18 hm^2（2年）。

4. 双鸭山市宝山区矿山地质环境治理工程：宝运河流域山体危岩体清理房屋推覆工程、沟道治理工程、人行道路工程、植被恢复地面积35.21 hm^2。

5. 双鸭山市宝山区废弃白灰厂矿山地质环境治理工程：房屋推覆 3.24 hm^2、沟道治理830 m、矿山修复36.56 hm^2（新增林地35.21 hm^2、新增耕地1.34 hm^2）。

6. 宝运河生态环境综合整治工程：清理危岩工程、挡土墙工程、土地平整工程、植被恢复工程、河道整治工程。恢复植被面积42.49 hm^2，耕地面积47.17 hm^2，整治河道长度4.2 km。

7. 七台河市废弃煤矿矿山恢复治理工程：进行矿区回填平整治理面积1 282.50 hm^2，栽植树种草1 080.10 hm^2。

8. 倭肯河流域七台河段破损山体生态修复工程：306.6 hm^2 山体进行修复，垃圾清运 1 520 m^3，危岩爆破清理 54 560 m^3，混凝土锚喷 32 500 m^2，锚固 33 100 根；边坡夯实 118 000 m^3，场地平整 1 582 600 m^3；完成栽植各类树木 70 万株，种草 23 000 m^2，栽植绿篱 8 300 m。

9. 七台河茄子河矿采煤塌陷区生态修复工程：地面塌陷搬迁区进行垃圾清运、壤土剥离后，利用火烧矸石进行回填平整，整治面积 212.3 hm^2；破碎砼面层道路修复 3 200 m^2，修复涵洞 5 座，栽植定干 2 m 高杨树 50 万株。

10. 九龙水库周边崩塌地质灾害勘查与治理工程：九龙水库西山崩塌治理面积 14.34 hm^2，东山崩塌治理面积 1.08 hm^2，西山支流崩塌治理面积 9.59 hm^2。

11. 勃利县河口村、福兴村、新民村地质灾害治理工程：矸石堆清理约 2 万 m^3 及场地绿化工程；坡地退耕还林约 39 hm^2；沉陷坑回填约 2 000 m^3；道路修缮约 1 000 m，河道清淤 500 m，工程量约 5 000 m^3。

12. 萝北县曙光村西山地质环境保护与恢复治理工程：土石方开挖、土地平整和植被恢复工程。挖方总量 510 477.7 m^3；平整面积 166 736.01 m^2；种植面积 7.58 hm^2，撒播种草 7.58 hm^2。

13. 依兰县小兴安岭余脉山体地质灾害治理工程：完成 6 处崩塌地质灾害点治理，矿山修复面积 8.28 hm^2、地质灾害治理面积 14.5 hm^2。挡土墙工程：挡土墙长度 1 277.75 m，挡土墙石方开挖 4 472.13 m^3，石方回填 1 022.2 m^3，浆砌块石 5 507.1 m^3，砂浆抹平面 1 111.64 m^2，伸缩缝 555.71 m^2，石渣外运 5 278.39 m^3；被动防护工程。

8.4 土地整治与修复类工程

任务依据：《黑龙江省土壤污染防治实施方案》《黑龙江省水土保持规划（2015—2030 年）》。

主要任务：工矿废弃地复垦、水土流失治理、土壤污染综合治理、黑土地高标准农田建设。

重点区域：根据水土流失程度及工业企业的分布状况，确定两个土地整治与修复重点区域。

鹤岗—萝北水土流失治理重点区：该区主要分布于三江平原的西北部，地处松花江和黑龙江汇合三角区，北靠黑龙江、东南界松花江，西部与汤旺河流域接壤。区内西部主要为山地丘陵区，地势较高，东部为松花江与黑龙江的冲积低地平原，地势低洼，该区域土地利用类型林地较为突出，当地居民毁林开荒造成坡耕地分布较为广泛，加之区域矿产资源丰富，矿山开采活动进一步恶化了区域水土流失问题。

完达山区土地综合整治重点区：该区主要分布于倭肯河和挠力河的上游，区域地貌类型以山地为主，在河谷地区分布着双鸭山和七台河两大煤城。区域水土流失造成跑水、跑肥、跑土问题突出，亟待采取土地整理措施，加强农业生产基础设施建设，提高黑土地农产品生产能力。

松花江沿江黑土地保护区：该区主要分布在松花江两岸，河道和滩地比较开阔，水道歧流纵横，是我国重要的商品粮生产基地和绿色食品生产基地。区域内垃圾填埋和黑土地退化问题较为突出，亟须开展污染土壤治理与黑土地保护，保障中国粮食安全。

重点工程：共计 14 个工程项目，主要包括高标准农田改造工程 2 个，规模为 46 461.91 hm^2；水土流失治理工程 8 个，规模为 1 308.9 hm^2；污染场地治理工程 4 个，规模为 205.63 hm^2，具体见专栏 3。

专栏 3　土地整治与修复类重点工程

1. 桦南县废弃垃圾场存量垃圾处理工程：垃圾场总占地面积 2.7 hm^2，修复面积 2.7 hm^2，修复土方量 5.102 4 万 m^3。

2. 依兰县城东存量垃圾治理工程：存量垃圾场总面积 3.0 hm^2，根据场底黏土厚度，垃圾场共分为防渗区、清理区、稳定区 3 个区域，占地面积分别为 2.0 hm^2、0.45 hm^2、0.55 hm^2。

3. 鹤岗市存量垃圾治理工程：整治 6 处简易垃圾填埋场 9.20 hm^2 存量垃圾，存量垃圾总治理量约 71 万 m^3。

4. 三江平原土地整治高标准农田项目：高标准农田改造 25 000 hm^2，主要工程措施为灌溉与排水工程、田间道路工程、废弃道路翻耕等。

5. 松花江富锦段沿岸退化耕地修复治理工程：耕地修复治理面积 21 432.91 hm^2，表土深翻，秸秆还田。对有机质含量较低的耕地区域增施有机肥，施用有机肥 4.62 万 t。

6. 富锦市东西山水土流失治理工程：退耕还林面积 265 hm^2，采石场植被恢复面积 15 hm^2。退耕还林面积为 265.129 hm^2，采石场面积 21.95 hm^2，植被恢复面积为 15.95 万 hm^2。

7. 富锦市挠力河流域富锦片区水土流失治理工程：治理侵蚀沟 4 条，浆砌石跌水 4 座，柳编跌水 14 座，石笼谷坊 7 座，浆砌石谷坊 12 座，浆砌石挡墙 800 m，柳编植物挡墙 1 000 m，削坡 3.12 万 m^3，沟道造林 9.55 hm^2，基础方涵 4 座。

8. 鹤岗市煤矿棚户区、采煤沉陷棚户区动迁修复工程：废弃煤矿棚户区、采煤沉陷棚户区经场地平整后合理配置植物布局，在种植土表面播撒草籽，治理面积 190.73 hm^2。

9. 萝北县渔米河林场小流域西沟植被恢复工程：宾格网护岸 2 500 m；栽植红松生态林 7.3 hm^2，栽植水曲柳 29.1 hm^2，补植红松生态林 87.68 hm^2，补植蓝靛果 86.98 hm^2。

10. 萝北县渔米河林场小流域北沟植被恢复工程：基础涵 21 座，格宾网护岸 1 500 m；栽植水曲柳 38.72 hm^2，补植红松生态林 3.3 hm^2，补植蓝靛果 118.87 hm^2；作业路 13 500 m。

11. 萝北县渔米河林场小流域大脑山植被恢复工程：宾格网护岸 2 000 m；栽植红松生态林 290.15 hm^2。

12. 萝北县二十里河林场小流域南山植被恢复工程：基础涵 10 座；栽植红松经济林 204.6 hm^2。

13. 萝北县二十里河林场小流域老二队植被恢复工程：基础涵 16 座；栽植红松经济林 123.76 hm^2；作业路 16 800 m。

14. 桦南县水源地保护修复工程：侵蚀沟治理 5 条，治理长度 3.18 km，治理面积 27.89 hm^2，其中一级保护区征地、绿化面积 6.10 hm^2。

8.5 生物多样性保护类工程

任务依据：《黑龙江省湿地保护规划（2016—2020年）》、《黑龙江三江国家级自然保护区湿地保护与恢复工程可行性研究报告》和“绿盾2018”自然保护区监督检查专项。

建设内容：湿地与水体生物多样性保护、种质资源多样性保护。

重点区域：根据生物多样性重要性评价结果，确定1个区域为生物多样性保护工程重点区域。

三江平原湿地生物多样性保护区：位于三江平原东北部，地处松花江、黑龙江和乌苏里江的汇合区，西北东三面环江，南与挠力河流域接壤，行政区包括同江市和抚远市。是三江平原湿地的核心区，区域内有三江、洪河、八岔岛、黑瞎子岛国家级自然保护区以及乌苏里江省级自然保护区和勤得利鲟鳇鱼省级自然保护区。

重点工程：主要包括湿地保护修复、遗传资源保存、珍稀野生动物栖息地保护修复等9个工程项目，具体见专栏4。

专栏4　生物多样性保护类重点工程

1. 三江平原湿地保护与恢复工程：有效保护与恢复1 570.323 7 hm^2湿地面积，其中包括回还湿地、土地平整、土地翻耕、植被恢复等在内的扩大湿地面积合计1 545 hm^2；包括退耕还湿、自然封育等在内的湿地恢复面积合计25.323 7 hm^2。

2. 黑瞎子岛国家级自然保护区自然湿地生态保护项目：项目建设内容与规模主要有在保护区核心区重点选定保护地3 100 hm^2进行保护。建设围栏（界标）、瞭望塔，购置远程监控设施、巡护艇、路上交通工具、监测设备等。

3. 黑龙江抚远段鲟鳇鱼种质资源保存工程：鲟鳇鱼繁殖恢复400 000尾，50吨级放流船1艘，巡护监测快艇1艘。

4. 黑龙江沿岸抚远段生态修复工程：生态水生生物观测平台：17 400 m^2，植物绿化21.74 hm^2，滨江湿地恢复区规划区面积126.42 hm^2，生态水禽观赏塔1座、生态指示宣传警戒牌50组、生态垃圾桶150组。

5. 黑龙江绥滨两江湿地保护与恢复工程：退耕还湿 4 230 hm^2，建设生物多样性保护、科研监测、宣传教育、基础设施等湿地保护能力提升工程。设置碑 10 块、界桩 1 000 个，购置采样巡查装备，建设视频监控系统；鸟类救治设备 2 套、无人机 3 架。宣传教育工程：设置指示性标牌、限制性标牌、解说性标牌、防火宣传牌、科普宣传牌各 100 个。新建管理站 8 处；建设瞭望塔 4 座。

6. 富锦市林木种质库资源保护工程：建立种质资源原地保存区面积 120 hm^2。种质资源异地保存区 20 hm^2，种质资源扩繁圃面积 3 hm^2，建设采穗圃 3 hm^2，种质低温贮存库 500 m^2，购置病虫害防治设备 1 套。

7. 宝清县挠力河流域生态综合治理工程：护岸措施合计长度 14.31 km，跌水堰 1 座；对项目区垃圾场、养殖场等污染源由地方政府进行清除，对挠力河城区段采砂迹地进行生态修复工程，对挠力河城区段位于 307 省道至下游 2 km，实施退耕还湿工程和河道拓宽疏浚工程，对挠力河左岸 4 处排水闸实施农田退水湿地净化示范工程。修复采砂坑 14.47 hm^2，栽植湿生植被 282.39 万株，沙地修复面积 11.47 hm^2；修复湿地面积 86 hm^2。

8. 伊春市伊春河秋沙鸭栖息地修复治理工程：新增乔木 4.23 hm^2、新增灌木 31.46 hm^2、退耕还湿 9.51 hm^2、其他新增湿地 15.58 hm^2、联通坑塘 9 hm^2，共计新增湿地面积 34.09 hm^2、中华秋沙鸭人工鸟巢 10 个、抛石鱼礁 8 组、拦污网 288 m^2、大型警示牌 1 块、安全警示牌 20 块。砾石回填 1 994.56 m^3，挖方量 241 476.15 m^3、填方量 170 120.2 m^3、残土外运 4 172.2 m^3、其他土方外运 71 355.95 m^3、整理绿化用地 46.03 hm^2。

9. 勃利县勃利镇碾子河南段综合治理改造项目：湿地、鸟类栖息地 1.58 hm^2，绿化面积恢复 8.09 hm^2，湿地治理 0.05 hm^2，河道清淤 4.04 hm^2，侵蚀沟治理、边坡修整 1.01 hm^2。

8.6 水环境保护治理类工程

任务依据：《黑龙江省水污染防治工作方案》《黑龙江省生态环境保护“十三五”规划》。

主要任务：污水处理厂提标改造、存量垃圾处理处置、水源地保护、河道综合整治、流域综合整治等。

重点区域：综合考虑流域水环境问题的严重性、水体敏感性、生态环境功能重要性、环境风险强弱等因素，以及对区域生态系统的影响，确定了水环境综合整治的重点河段，分别是伊春河、倭肯河中下游、松花江下游支流及黑龙江同江—抚远段支流。

伊春河：松花江二级支流，全长84 km，水深0.7～1.2 m，流域总面积2 466 km^2，由么河、翠峦河、挡石河汇合而成，穿越翠峦区、乌马河区、伊春区3个区，于伊春城区附近注入汤旺河。近年来，部分河道内淤积严重，河床逐年抬高，河道取水不畅，水体流动性极差，水体富营养化严重，导致水质呈现恶化趋势，甚至出现黑臭现象。

倭肯河：倭肯河发源于完达山西北侧，沿途经七台河市、勃利县、桦南县及依兰县四大市（县），居住人口140万人。近年来流域沿线社会经济发展迅速，水体纳污负荷逐年增加。2017年监测断面数据表明，倭肯河干流水质以Ⅳ类为主，万宝河、七虎力河、八虎力河等支流水质为Ⅴ类和劣Ⅴ类。

安邦河：安邦河全长 167 km，流域面积 1 168 km^2，流经双鸭山市岭东区、尖山区和集贤县，3个地区总人口62.40万人。近年来，流域开展安邦河综合整治工作，沿岸景观和水质有了明显改观，但在雨季尤其是强降雨时段，会有少量垃圾随地表径流冲入河道，加之城镇污水截污不完全，导致偶有河水发黑现象。

鹤立河：位于鹤岗市南部，自西北向东南行，注入梧桐河。近年来，河道外“三生”用水逐步挤占部分河道内生态用水，河道内生态基流得不到保障，加之部分河道存在垃圾围河现象，水质一直处于Ⅳ～Ⅴ类，严重影响水质和周边居民生活。

黑龙江同江—抚远南岸支流：主要有莲花河、浓江河、伟华滨河等。由于长期过量采伐和自然灾害、过度开垦、挖沙采石、地方水利工程设施不配套、城市建设等原因，导致水土流失严重，部分河段劣水质为Ⅴ类，直接威胁黑龙江的水质。

重点工程：主要包括污染减排、源头水体治理、中游拦截净化等19个工程项目，具体见专栏5。

专栏 5 流域水环境保护治理类重点工程

1. 伊春河（含老河道）水环境综合治理工程：河道驳岸改造长度 12.5 km；水生植物恢复种植面积 1.04 hm^2；缓冲带灌草系统构建 68.37 hm^2；缓冲带乔木构建 10.9 hm^2；土地平整土方 19.2 万 m^3；橡胶坝建设 3 座；土地平整 163 hm^2。老河道整治工程包括河道驳岸改造面积 18.7 hm^2；水生植物恢复面积 5 hm^2；水系连通工程改造 3 处桥梁；缓冲带恢复灌草系统 61.8 hm^2；缓冲带乔木系统 16.8 hm^2；土方工程 4.7 万 m^3；土地平整面积 122 hm^2。

2. 七台河市山水林田湖草倭肯河流域城区下游段生态保护与修复工程：河道清淤 160 万 m^3、修复湿地 81.34 hm^2，恢复林地 100.2 hm^2。拦污坝 1 座，引排污管道 54.42 km。

3. 七台河市山水林田湖草倭肯河流域城区段生态保护与修复工程：倭肯河南岸生态护岸 10 km，修复湿地 621 hm^2。

4. 勃利县勃利镇碾子河北段综合治理改造项目：恢复湿地 2.06 hm^2，绿化面积 16 550 m^2；河道两侧人行道铺装 15 000 m^2；滨河公园改造 1 019 m^2；生态树池 700 个；护坡硬化长度 2 770 m；河道清淤 7.2 万 m^3；景观围栏 1 390 m 等。

5. 宝清县宝清镇饮用水水源地一级保护区整改工程：新打深水井 5 眼及水源地一级保护区退耕还林还草工程面积 27 hm^2；敷设输配水管网 5.5 km。

6. 宝清县宝石河城区段生态环境综合治理工程：宝清县宝石河桥上游 1.2 km，终点至宝石河入挠力河入河口。泡塘及护岸修复、渠首闸（左、右岸）湿地及泡塘生态修复工程林草修复面积 9.25 hm^2，新增湿地保护修复面积 6.5 hm^2。

7. 哈尔滨化工产业园污水处理工程：污水处理厂南北长 230 m，东西长 176 m，占地面积约 4.23 hm^2，新建规模日处理污水 1 万 m^3，新建污水收集排水管网总长 15 000 m。

8. 依兰县污水处理厂二期扩建工程：将原有 CASS 生化池改造为处理能力 2 万 m^3/d 的 EBIS 生化池；新建处理能力 2 万 m^3/d 的深度处理间；新建处理规模 10 t/d 的污泥发酵间：新建长 1 600 m 的管线，同时新建中水回收装置，建 1 200 m 管线将中水引至热源厂供冬季采暖使用，同时更换现状污水处理厂老旧设备。

9. 鹤岗市两河十四沟清水秀岸综治一期工程：天水湖上游疏浚底泥 2.26 万 m^3；新建两岸截污管线 6 600 m；两岸绿化面积 38 hm^2；黎明沟新建截污管线 6 720 m、绿化面积 1.7 hm^2，疏浚底泥 1.8 万 m^3；煤泥沟新建截污管线 710 m 及沉淀池 1 座，沿河绿化 9.400 hm^2，疏浚底泥 1 600 m^3；兴山头道沟新建截污管线 3 240 m，绿化面积 7.6 hm^2，疏浚底泥 0.8 万 m^3；兴山二道沟新建截污管线 4 460 m，两岸绿化 10 hm^2，疏浚底泥 1.23 万 m^3；龙须沟新建截污管线 2 130 m，沿河绿化 4 hm^2，疏浚底泥 0.4 万 m^3。

10. 佳木斯市内河区域环境治理工程：四丰山水库清淤约 165 万 m^3。配备太阳能曝氧装置 54 套、生物碳纤维生态浮岛 5 533 m^2、种植挺水植物 5 533 m^2。音达木河清淤 2 748.07 m^3；河道两岸生态护坡面积 22 829.61 m^2；河道护砌土方挖 22 108.80 m^3，回填 634.94 m^3；河道岸坡水生植物恢复面积 3 250 m^2。对合兴堡村、前合兴村、后合兴村铺设管线 4.12 km。区域生态恢复总面积 37.32 hm^2。

11. 松花江下游佳木斯饮用水水源地水质安全防护工程：松宾村设置移动式垃圾斗 8 座，污水储水池 40 m^3，建造一体化污水处理泵站 1 座，排水系统排污水量为 30 m^3/d，改造厕所及化粪池 100 户，建造牲畜储粪池 10 座。新业村设置移动式垃圾斗 12 座，污水储水池 80 m^3，建造一体化污水处理泵站 1 座，排水系统排污水量为 60.8 m^3/d，改造厕所及化粪池 254 户，建造牲畜储粪池 18 座。

12. 同江市三江口饮用水水源地污染防治工程：一级保护区设界标 5 座；二级保护区设界标 13 座。设置 6 块道路警示牌，2 块航道警示牌，2 块宣传牌；设置围栏 5 150 m，高度 1.8 m。林地恢复 37.6 hm^2。

13. 马蹄河水体水质提升工程：对马蹄河下游 3.1 km 河道进行整治，并建设人工湿地 1 座，其中一级潜流湿地 20 509 m^2，二级潜流湿地 20 529 m^2，表流湿地 8 772 m^2，共计 49 810 m^2。

14. 集贤县福利镇水源及输水工程。水源地生态修复：水源地生态修复占地总面积 59.08 hm^2；退耕还林及退耕还草面积 56.44 hm^2；生态巡护路面积 1.92 hm^2。取水能力达 2.2 万 m^3 /d，打 8 眼深井（6 用 2 备）。原水输水管道：输水能力 2.2 万 m^3/d，敷设总长度 19 850 m；净水厂改造工程：对净水厂内的部分设备进行更新，对原有曝气间、滤池间进行维修改造，增设消毒间，补充化验设备等。

15. 安邦河集贤段流域河道整治、湿地恢复修复工程：治理安邦河长度约 1.6 km，治理处河道平均宽度 160 m。河道清淤整形 1.6 km，平整滩地后种植适合湿地生长的草本植物约 200 000 m^2，加高培厚两侧原有堤防约 3.2 km。

16. 双鸭山经济技术开发区污水处理厂及中水回用工程：新建园区内的 DN 600 中水管线 8.0 km；新建规模为 2.0 万 m^3/d 污水处理厂 1 座；回用水量为 1.6 万 t/d。

17. 双鸭山市安邦河流域水环境综合整治工程：主河道疏没长度 7.88 km，治理湖体 3 处，子母床试验段 500 m，郊野生态河道 12.84 km，强化人工湿地 15.27 hm^2。

18. 双鸭山市生活垃圾焚烧发电工程：日处理生活垃圾 900 t，生活垃圾焚烧厂、渗滤液处理设施、粪便和污泥处理设施、飞灰和炉渣填埋场、2 km 进场道路升级改造及 3 km 供水管线建设等，年处理量不少于 32.85 万 t。

19. 黑龙江（抚远段）支流伟华滨河生态环境综合整治工程：恢复林草地 9.98 hm^2，河道整治 3 520 m，新建截污管线 4 181 m。

第 9 章

效益及风险分析

9.1 效益分析

黑龙江省小兴安岭-三江平原山水林田湖草生态保护修复工程项目的实施，可全面修复“两屏一带一区”退化的生态功能，大幅提升区域生态环境承载力，将对持续改善区域自然生态环境和人居环境、促进社会稳定和区域经济发展产生巨大的生态效益、社会效益和经济效益。

9.1.1 生态效益

小兴安岭-三江平原山水林田湖草生态保护修复工程项目的实施增强了区域的生态屏障功能，提高了水源涵养能力，控制了水土流失和黑土地退化，丰富了地区的生物多样性，从而有力地保障了小兴安岭、三江平原的生态安全，对于我国“两屏三带”生态安全战略格局的构建具有重要意义。

构建区域生态安全屏障。通过实施小兴安岭森林培育和矿山、裸露山体修复等绿化工程，提高林种结构合理性，丰富山场林地景观类型，能更好地发挥森林吸尘、固土、调节气候、涵养水源、维持生物多样性作用，将显著提高森林的生态承载力以及综合生态效益，巩固区域生态屏障地位。工程实施后，小兴安岭恢复与重建林地面积为 8 000 hm^2，显著提升区域的水源涵养能力。

珍稀和濒危物种得到有效保护。通过构建以自然保护区为核心，湿地公园、森林公园、种质资源保护区等为辐射的生物多样性保护网络，为野生动植物提供了多样化的栖息空间，极大地丰富了区域生态系统的多样性。东北虎、豹、紫貂、貂熊、梅花鹿、丹顶鹤、大鸨、白鹳、中华秋沙鸭等国家一级保护野生动物和红松、兴凯松、野生大豆、黄檗等国家一级保护野生植物的生存环境将得到极大改善。

改善废弃矿区地质和生态环境。通过植被绿化、地貌景观恢复等，对废弃矿山进行修复整治，可消除地质灾害隐患，减缓矿区水土流失，改善矿区地貌景观，提高矿山所在地的环境质量，改善与美化矿区及周边村庄的生产生活环境，有效地抑制该地区环境负效应。工程实施后，可实现综合整治 10 余处矿山，修复面积 3 000 hm^2，有效消除滑坡崩塌地质灾害隐患。

改善区域湿地生态环境。通过实施湿地保护和修复工程，保护修复湿地面积

6 000 hm^2，有力保护三江平原湿地、挠力河湿地等，将显著提高湿地生态承载力以及综合生态效益，改善野生动植物栖息环境。

提高区域水环境质量。通过实施水污染防治工程，有效处理和利用污水，增加循环利用水量，减少新增用水，保护地下水资源，使水生态景观得到有效恢复和保护，让河流湖库“净水”重现。工程实施后，可实现区域水质断面达标占比60%以上，城市集中式饮用水水源地水质达标率达 100%。同时，项目对 25 000 hm^2 黑土地进行保护和修复，有力保障国家粮食安全。

9.1.2 社会效益

促进资源枯竭城市产业转型升级。通过实施生态保护和修复工程，在小兴安岭-三江平原，适度发展的林下经济、农旅将为当地农民增收致富创造新的机会。生态环境质量的改善，可增加就业机会，调整当地产业结构，促进当地经济发展。

提高水资源安全保障能力。通过对“一湖、两山、三江”及重要水源区保护工程的实施，持续改善水生态环境质量，可提高水资源保障和自然灾害应对能力，为流域内居民饮水安全提供保障，促进社会和谐稳定。工程实施后，可实现 5 个水源地的有效保护，受益人口达 100 万人。

提升区域监管能力。通过“两屏一带一区”生态环境监控与预警体系及能力建设等一系列措施，实现对区域生态环境发展变化过程的跟踪和实时评价，可以对生态环境变化进行预测和预警，加强了区域环境监管能力。

9.1.3 经济效益

为生态旅游产业发展提供资源。通过实施“两屏一带一区”生态保护修复，可不断提升当地旅游资源，为区域生态旅游业的发展打下坚实基础，随着旅游接待规模和档次的进一步提高，旅游从业人员将大幅增加，旅游业成为区域经济新的增长点和支柱产业，加快矿业、水电、林业等产业升级转型，并可极大提高黑龙江的知名度和影响力。

推动湿地和经济林业发展。在湿地和森林资源保护修复中，秉承可持续发展理念，在政策允许的范围内，探索资源可持续利用新路径，通过发展生态农业、渔业养殖等，可产生较大的经济效益。通过造林绿化政策引导、机制改革等工程项目的实施，可从发展经济林入手，把造林和增加农民收入相结合，提高经济效益。

为农业增产增收提供资源。通过实施生态修复工程，增加可利用土地，为林地、耕地占补平衡和工业建设用地提供后备资源，并可以改善低山丘陵区的生态环境，改善当地小气候，保障“北大仓”农业生产水平。

“两屏一带一区”山水林田湖草生态保护修复工程实施将直接带动农林牧渔业、水利和公共设施管理业、建筑业、专用设备制造业、综合技术服务业等行业发展，拉动所在地区 GDP 增长 100 亿元以上。

9.2 风险防控

9.2.1 项目可行性风险及控制措施

小兴安岭-三江平原山水林田湖草生态保护修复工程系统性较强，涉及众多部门和学科，项目种类和内容繁多。方案的编制经过大量的前期调查研究，结合国家相关部署要求和伊春市、三江平原各市县实际，广泛征求各地各部门意见，并与现有规划进行了有效衔接，具有较强的生态效益，但同时也存在个别项目难以落地等风险。例如，鹤岗市两河十四沟清水秀岸综治一期工程涉及生态移民安置等问题，如果不能妥善解决，将会直接影响方案的顺利实施。针对该风险，黑龙江省政府将通过加大生态补偿力度，给予项目区域政策和资金倾斜，支持项目区域加强生态保护修复。在实施生态补偿的同时，各级政府将积极扶持资源转型经济的发展，促进产业生态化、生态产业化，带动区域经济发展。对于水源地一级保护区拆迁和移民项目，在设计及实施过程中，相关市县政府和主管部门，科学确定项目规模、范围，并制定风险评估预案，妥善安置好移民的后续生产和生活，尽量规避移民财产损失，确保项目顺利实施。

9.2.2 资金风险及控制措施

由于小兴安岭-三江平原山水林田湖草生态保护修复工程整体投资大，在中央补助资金有限的情况下，市县政府投融资能力直接影响试点区的生态保护修复成果。针对此风险，方案在项目资金筹措上，除争取中央资金支持外，省级和市县主要通过整合利用现有专项资金解决。试点市县政府均出具了关于落实山水林田湖草生态保护修复试点项目资金的承诺函，承诺除中央和省级确定的补助资金外，其余资金自筹到位。同时，黑龙江省级财政将根据不同项目情况，通过奖励、投资补助、资本金注入、贷款贴息等方式，引导社会资本参与小兴安岭-三江平原山水林田湖草生态保护修复工程项目。

9.2.3 管理风险及控制措施

本方案按照“两屏一带一区”的整体性、系统性及其内在规律出发，涉及山上山下、地上地下，陆地河流以及流域上下游等诸多类型的项目，涉及部门多、领域广，若按项目类型分配至各部门负责实施，可能存在各部门根据自身利益随意安排项目实施进度、资金运行低效、影响整体效果的风险。基于此，省政府成立了黑龙江省小兴安岭-三江平原山水林田湖草生态保护修复领导小组，由省长担任组长，成员包括财政、自然资源（国土）、生态环境（环保）、发改、水利、林业、住建、农委等省直部门及市、县政府主要领导，该领导小组协调解决实施方案的实施、验收、监管等重大问题。在试点期间，将打破部门界限，按照“统一规划、统一指导、统一实施、统一监督、统一验收”的原则进行项目管理，制定资金管理办法、项目管理办法、项目考核办法，对方案项目实施实现“一张图、一本账”管理，省直各有关部门按照工作职责，各司其职，协同推进实施方案中重点项目建设，地方政府负责本行政区域内工程项目实施的有关组织和协调工作。

综上，本实施方案在实施过程中存在项目建设、资金筹措和组织管理等风险，但通过强化项目立项管理、资金保障和组织保障等措施，实施风险可控。

第 10 章

保障措施

10.1 创新生态环境保护体制机制

实行最严格的水资源、林地、草原和湿地保护制度。落实国家“三线一单”（生态保护红线、环境质量底线、资源利用上线和环境准入负面清单）政策，加快建立资源环境生态红线管控要求的政策机制，形成源头严防、过程严管、责任追究的红线管控制度体系；加快形成生态损害赔偿机制；探索建立自然资源资产产权和用途管制机制，加强自然资源资产管理。

创新市场投融资机制。在森林经营增汇减排试点的基础上，积极探索水权、林权、碳排放权等交易制度，在小兴安岭碳加快推进小兴安岭-三江平原生态产品市场化。结合项目建设实际，进一步完善吸引社会资本投入生态环境保护的市场化机制，试行环境污染第三方治理。根据“政府主导、市场运作、企业实施、社会参与”的原则，打通实现资源资产化、资产资本化的模式，创新和利用多种投融资模式，采用发行企业债券、发行基金、资产证券化和 PPP 等方式进行融资，吸纳社会、企业、个人资金及外资投入区域生态环境保护工作中。

健全生态保护补偿机制。按照“谁保护、谁受益，谁污染、谁补偿”的原则，在穆棱河跨界水环境生态补偿试点的基础上，逐步推广到倭肯河流域，建立以政府为主导的流域水质生态补偿机制。加快实施生态移民工程建设，林业和草原、农业农村部门做好后续产业发展和移民就业转移技能培训，保障移民的妥善安置就业，降低工程实施过程中项目存在的风险，巩固提高生态工程修复和建设的成效。

10.2 强化科技支撑，保障科学实施

推动科技创新。结合深化科技体制改革，建立符合生态文明建设领域科研活动特点的管理制度和运行机制。加强重大科学技术问题研究，开展湿地保护、黑土地保护与修复、生物多样性保护等领域关键技术攻关，在基础研究和前沿技术研发方面取得突破。支持生态文明领域工程技术类研究中心、实验室和实验基地建设，完善科技创新成果转化机制，形成一批成果转化平台、中介服务机构，加快成熟适用技术的示范和推广。加强生态环境科技创新、污染防治等关键技术的

研发攻关，支持科技成果产业化。建立技术专家咨询和技术支撑系统，完善科技推广信息服务体系和技术交流网络，推广先进实用技术，为项目的顺利实施提供技术保障。

加强人员培训。围绕生态保护与水环境保护的重点区域和关键技术，大力引进推广先进适用的科技成果。在项目实施过程及后期运营过程中，加强对管理人员和技术人员的技术培训，提高和加强项目管理人员的管理水平及技术人员的专业技能，为后续治理提供有力的技术保障。

10.3 强化资金整合，实施多元筹资

黑龙江省政府及相关部门加强与财政部、国家发展改革委、自然资源部、生态环境部、水利部的沟通协调，积极争取林业、湿地、湖泊生态环境保护等专项资金支持，同时根据地方财力适当提高地方配套比例。除争取中央试点资金外，省政府还将通过统筹高标准农田建设、矿山环境治理、水利工程建设等资金，加大省级资金支持力度。进一步优化省对市县重点生态功能区转移支付政策，强化对区域生态功能稳定性和提供生态产品能力的评价和考核，加大对小兴安岭-三江平原（重点领域、禁止开发区域、重点生态功能区）转移支付力度，推进有关转移支付分配与生态保护成效挂钩，探索资金、政策、产业及技术等多元互补方式。

10.4 落实管护机制，确保长效运行

按照“财权事权相统一”“谁受益，谁负责”“以工程养工程”的目标、原则，建立科学的工程管护机制，实现项目的长期效益。项目建成后，落实项目管护责任人，并签订管护合同，明确双方的责任和义务；制定管护标准，建立管护基金，确保项目运行效率。明确项目建设设施的所有权，对形成的公益资产，由地方政府按照管理标准，筹集管护经费，确保管护工作落实到位。利用新闻媒体、广播电视及网络信息等形式，广泛宣传动员，对项目管护的重要性进行宣传，以增强群众的管护意识，提高项目区公众认识和管护自觉性，确保项目建成后发挥应有的作用。

10.5 探索绿色农业，落实绿色发展

把发展绿色有机农业作为保护区域湿地水体质量的重要途径，在三江平原地区积极探索发展绿色农业。结合国家现代农业示范区、国家现代农业综合配套改革试验区等农业项目创建，紧紧围绕绿色农业发展，充分发挥市场决定性作用和政府推动作用，以标准化生产和基地创建为载体，以有机特色农产品生产加工项目为平台，引导各类社会资金向有机农业发展领域倾斜，逐步实现湿地农业规模化和产业化，加强农业资源与生态环境保护能力建设，推动绿色生态农业发展，减少农药、化肥使用量，防治面源污染，逐步形成农业生产与水质保护相结合的环境友好型农业生产模式。

10.6 加强宣传引导，完善社会监督

实行建设项目公示制度，将生态修复工程的相关立项、建设地点、建设规模、投资情况、招投标以及建设的全过程在政府门户网站及公众媒体上公布。建立健全全社会共同参与监督的渠道和机制，积极发挥新闻媒体、社会组织和公众广泛参与的监督作用，通过多方位、多层次的监督，建立统一有力的监管体系。积极组织开展山水林田湖草生命共同体的宣传教育和科学知识普及工作，加大宣传力度，创新宣传方式，调动和发挥社会各界参与生态保护与管理监督的积极性。加大生态保护宣传教育力度，加强政策解读，增强公众保护共识，提高全社会参与生态保护的积极性和主动性。加强政府、企业、社会公众生态保护培训，提高全社会特别是领导干部的生态保护责任意识，在山水林田湖草生态保护修复过程中形成行政监管、社会监督、行业自律、公众参与、司法保障的多元共治的环境监督体系。

10.7 强化区域协作，推进国际交流

加强与吉林省和内蒙古自治区在水质监测、信息通报和突发环境事件预警等

方面的合作与交流，深化省际间联防、联控、联治，推动松花江流域水生态环境质量提升。

积极履行国际公约赋予黑龙江省生态环境保护方面的相关责任和义务。以贯彻落实“一带一路”倡议和“龙江丝路带”规划为契机，扩大对外环保交流合作范围，引进、消化和吸收国外先进技术和管理经验，提升全省生态环境保护水平。加强中、俄两国在跨界水体水质联合监测和跨界自然保护区等领域的务实合作。